解密软件开发实战

杨 静 著

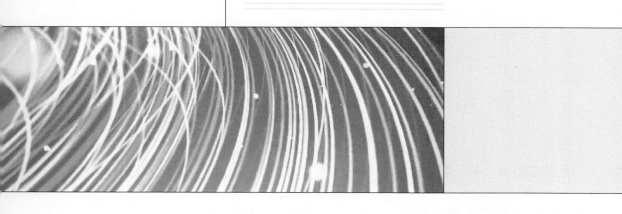

WUHAN UNIVERSITY PRESS
武汉大学出版社

图书在版编目(CIP)数据

解密软件开发实战/杨静著.—武汉:武汉大学出版社,2021.9(2022.9 重印)

ISBN 978-7-307-22422-3

Ⅰ.解… Ⅱ.杨… Ⅲ.软件开发 Ⅳ.TP311.52

中国版本图书馆 CIP 数据核字(2021)第 125700 号

责任编辑:林 莉 喻 叶   责任校对:汪欣怡   版式设计:马 佳

出版发行:**武汉大学出版社** (430072 武昌 珞珈山)

(电子邮箱:cbs22@ whu.edu.cn 网址:www.wdp.com.cn)

印刷:武汉邮科印务有限公司

开本:787×1092 1/16 印张:16.5 字数:391 千字 插页:1

版次:2021 年 9 月第 1 版 2022 年 9 月第 3 次印刷

ISBN 978-7-307-22422-3 定价:49.00 元

目　　录

1. 系 统 分 析

1.1   系统概述

随着互联网与计算机技术的发展，大量数据的产生、存储、处理等环节都依靠计算机网络，对海量信息的监控与管理存在巨大的困难。尤其是随着计算机犯罪个案数字不断上升和犯罪手段的数字化，搜集电子证据的工作成为提供重要线索及破案的关键。恢复已被破坏的计算机数据及提供相关的电子资料证据就是电子取证。而通过加密方式以及常用加密文档内容的破解，对于获取相关电子证据，具有重要的意义。

虽然解密系统的应用目前已取得了辉煌的成绩，但是随着 GPU 解密系统建设的不断深入，一批设计与使用问题也浮出水面，如：现有解密系统对大批量标准或变种的破解能力有限；仍采用传统的逐位的机械方式进行解密尝试，难以有效提升效率；对 GPU 运算卡以及电源的过度使用，导致故障情况时有发生；大容量字典运算效率不足等问题。这些问题都影响着 GPU 解密系统充分发挥其应有的不可替代的作用。

基于分布式密码破解系统，是在充分研究当前国内外加密文件的检查取证、密码解析等技术现状基础上，吸收并科学整合国外先进的密码破解技术，利用国外最先进的解密算法以及 MPI 高性能大规模运算接口，进而开展自主研发，从而形成一套完整的基于 GPU 的哈希类与文档类密码破解系统。该系统的显著特点是：较同类软件的运算速度提高50% 以上；在解密进程中首次实现过程；在解密进程中，实现对 GPU 运算卡的速度、功耗、发热等的综合控制技术；改善了大容量字典条件下的解密速度。

1.2   系统介绍

该系统是一个分布式的、可大规模部署的基于 B/S 架构的密码破解系统。系统采用 CUDA 架构及 OpenCL 架构，利用 GPU 运算卡进行高速并行运算，能够显著提升密码破解的速度；该系统支持 100 余种常见的哈希密码破解，同时支持常见的文档密码破解，共支持 200 余种类型的密码破解；另外，该系统应用模型进行运算排序，可有效提升密码破解的效率。

2. 系 统 设 计

2.1　系统总体架构图

系统总体架构图如图 2-1 所示。

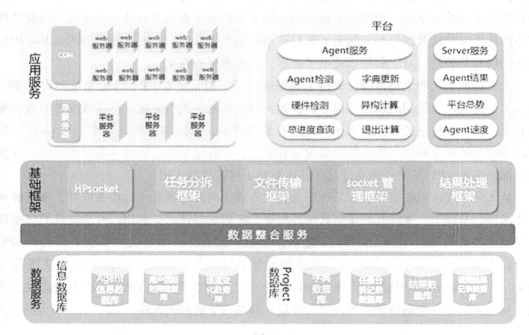

图 2-1

2.2　服务端架构图

服务端架构图如图 2-2 所示。

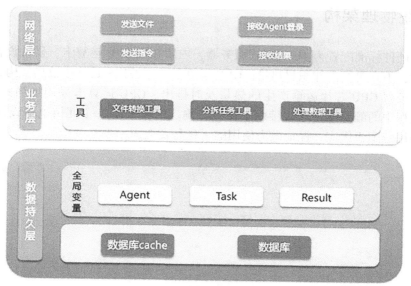

图 2-2

2.3 客户端架构图

客户端架构图如图 2-3 所示。

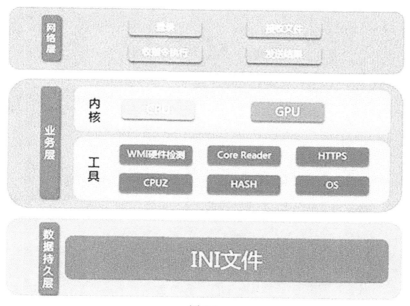

图 2-3

2.4 系统物理架构

本系统硬件标准配置为 4U 机架式服务器，内含 8 块 GPU 运算卡，硬件设备采用风墙式散热方式，不在机箱内部积累热量；GPU 运算卡采用 OTES 式外排散热架构，辅以真空均热板，保证将 GPU 芯片运算产生的热量及时排出。GPU 运算卡采用加强式固定方式，保证运输过程中的颠簸不会造成接触不良等影响。机箱采用 2+1 冗余电源设计，GPU 运算卡电源采用分配板供应，保证电力使用的平稳与安全。

3. 系统运行环境

3.1 硬件

3.1.1 服务器端

操作系统：windows2008 R2、win7 X64

CPU：Intel Xeon E5-2620v4

内存：32GB

硬盘：8TB 机械硬盘

电源：缓存掉电保护

3.1.2 客户端

CPU：Intel Xeon E5-2620v4

硬盘：500GB 固态硬盘

内存：32GB

电源：叁冗余电源

解密计算卡：8 张 NVIDIA 运算卡

3.2 软件

3.2.1 服务器端

Microsoft Visual Basic/C++ Runtime（x86/x64）

Microsoft C Runtime Library（2002：7.0.9975.0）

Microsoft C Runtime Library（2003：7.10.6119.0）

Microsoft Visual C++ Redistributables（x86/x64）

Microsoft Visual C++ 2005 Redistributable － 8.0.61187

Microsoft Visual C++ 2008 Redistributable － 9.0.30729

Microsoft Visual C++ 2010 Redistributable － 10.0.40219

Microsoft Visual C++ 2012 Redistributable － 11.0.61135

Microsoft Visual C++ 2013 Redistributable － 12.0.40664

Microsoft Visual C++ 2015 Redistributable － 14.10.25008

wampserver3.1.4_x64

dotnetfx45_full_x86_x64

jdk-8u231-windows-x64

apache-tomcat-8.5.33

chromedev_x64

3.2.2 客户端

dotnetfx45_full_x86_x64

4. 数据库与数据表设计

4.1 数据库 ER 图表

数据库 ER 图表如图 4-1、图 4-2、图 4-3、图 4-4 所示。

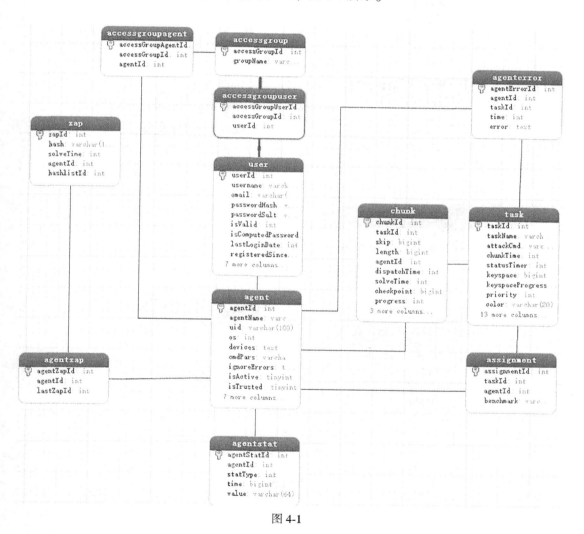

图 4-1

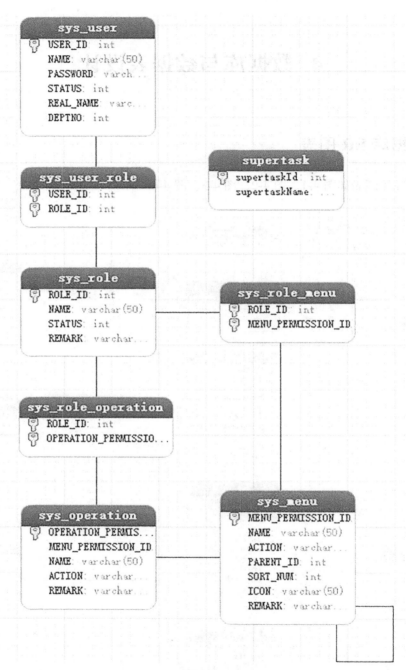

图 4-2

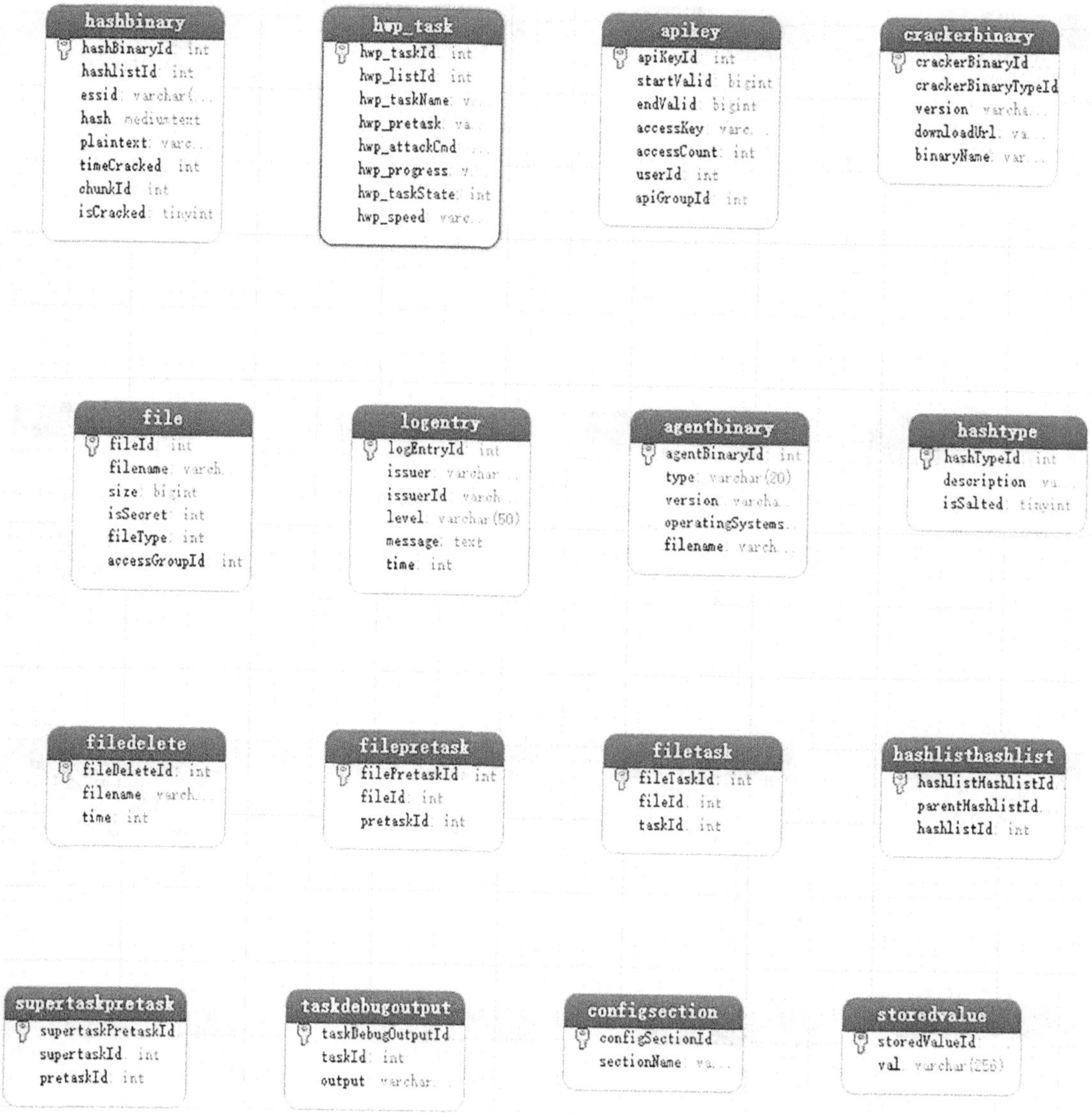

hashbinary
- hashBinaryId int
- hashlistId int
- essid varchar(...
- hash mediumtext
- plaintext varc..
- timeCracked int
- chunkId int
- isCracked tinyint

hwp_task
- hwp_taskId int
- hwp_listId int
- hwp_taskName v..
- hwp_pretask va..
- hwp_attackCmd ..
- hwp_progress v..
- hwp_taskState int
- hwp_speed varc..

apikey
- apiKeyId int
- startValid bigint
- endValid bigint
- accessKey varc..
- accessCount int
- userId int
- apiGroupId int

crackerbinary
- crackerBinaryId
- crackerBinaryTypeId
- version varcha..
- downloadUrl va..
- binaryName var..

file
- fileId int
- filename varch..
- size bigint
- isSecret int
- fileType int
- accessGroupId int

logentry
- logEntryId int
- issuer varchar..
- issuerId varch..
- level varchar(50)
- message text
- time int

agentbinary
- agentBinaryId int
- type varchar(20)
- version varcha..
- operatingSystems..
- filename varch..

hashtype
- hashTypeId int
- description va..
- isSalted tinyint

filedelete
- fileDeleteId int
- filename varch..
- time int

filepretask
- filePretaskId int
- fileId int
- pretaskId int

filetask
- fileTaskId int
- fileId int
- taskId int

hashlisthashlist
- hashlistHashlistId
- parentHashlistId
- hashlistId int

supertaskpretask
- supertaskPretaskId
- supertaskId int
- pretaskId int

taskdebugoutput
- taskDebugOutputId
- taskId int
- output varchar..

configsection
- configSectionId
- sectionName va..

storedvalue
- storedValueId
- val varchar(256)

图 4-3

9

hashlist
hashlistId: int
hashlistName: v...
format: int
hashTypeId: int
hashCount: int
saltSeparator: ...
cracked: int
isSecret: int
hexSalt: int
2 more columns...
hwp_list
hwp_id: int
hwp_name: varch...
hwp_crack: varc...
hwp_state: int
hwp_date: int
hwp_progress: v...
hwp_fileName: v...
hwp_runTime: va...
hwp_averageSpeed...
hwp_speed: varc...
pretask
pretaskId: int
taskName: varch...
attackCmd: varc...
chunkTime: int
statusTimer: int
color: varchar(20)
isSmall: int
isCpuTask: int
useNewBench: int
3 more columns...
hash
hashId: int
hashlistId: int
hash: varchar(1...
salt: varchar(1...
plaintext: varc...
timeCracked: int
chunkId: int
isCracked: tinyint
notificationsetting
notificationSettingId...
action: varchar(50)
objectId: int
notification: varcha...
userId: int
receiver: varchar(256)
isActive: tinyint
session
sessionId: int
userId: int
sessionStartDate...
lastActionDate...
isOpen: int
sessionLifetime...
sessionKey: var...
sys_log
LOG_ID: int
ACTION: text
PARAMETERS: text
RES: text
ACCOUNT: varcha...
IP: varchar(200)
LOG_TIME: times...
taskwrapper
taskWrapperId: int
priority: int
taskType: int
hashlistId: int
accessGroupId: int
taskWrapperName...
isArchived: int
config
configId: int
configSectionId...
item: varchar(80)
value: text
filedownload
fileDownloadId...
time: int
fileId: int
status: int
apigroup
apiGroupId: int
name: varchar(100)
permissions: text
crackerbinarytype
crackerBinaryTypeId...
typeName: varchar...
isChunkingAvailable...
module_emp
empno: int
ename: varchar(30)
job: varchar(30)
deptno: int
module_dept
deptno: int
dname: varchar(30)
loc: varchar(255)
regvoucher
regVoucherId: int
voucher: varcha...
time: int
rightgroup
rightGroupId: int
groupName: varc...
permissions: text

图 4-4

4.2 数据库表设计

数据库表设计如表 4-1 ~ 表 4-54 所示。

表 4-1

表名	权限表（accessgroup）		
列名	数据类型	空/非空	约束条件
accessGroupId	Int	N	主键
groupName	Varchar（50）		

表 4-2

表名	权限客户表（accessgroupagent）		
列名	数据类型	空/非空	约束条件
accessGroupAgentId	Int	N	主键
accessGroupId	Int	N	
agentId	Int	N	

表 4-3

表名	权限组用户（accessgroupuser）		
列名	数据类型	空/非空	约束条件
accessGroupUserId	Int	N	主键
accessGroupId	Int	N	
userId	Int	N	

表 4-4

表名	客户端信息（agent）		
列名	数据类型	空/非空	约束条件
agentId	Int	N	主键
agentName	Varchar（100）	N	
uid	Varchar（100）	N	
os	Int	N	
devices	Text	N	

表名	客户端信息(agent)		
列名	数据类型	空/非空	约束条件
cmdPars	Varchar(256)	N	
ignoreErrors	Tinyint(4)	N	
isActive	Tinyint(4)	N	
isTrusted	Tinyint(4)	N	
token	Varchar(30)	N	
lastAct	Varchar(50)	N	
lastTime	Int	N	
lastIp	Varchar(50)	N	
userId	Int		
cpuOnly	Tinyint(4)	N	
clientSignature	Varchar(50)	N	

表 4-5

表名	客户端应用程序信息(agentbinary)		
列名	数据类型	空/非空	约束条件
agentBinaryId	Int	N	主键
type	Varchar(20)	N	
version	Varchar(20)	N	
operatingSystems	Varchar(50)	N	
filename	Varchar(50)	N	

表 4-6

表名	客户端错误信息(agenterror)		
列名	数据类型	空/非空	约束条件
agentErrorId	Int	N	主键
agentId	Int	N	
taskId	Int		
time	Int	N	
error	Text	N	

表 4-7

表名	客户端状态信息（agentstat）		
列名	数据类型	空/非空	约束条件
agentStatId	Int	N	主键
agentId	Int	N	
statType	Int		
time	Int	N	
value	Varchar(64)	N	

表 4-8

表名	客户端销毁信息（agentzap）		
列名	数据类型	空/非空	约束条件
agentZapId	Int	N	主键
agentId	Int	N	
lastZapId	Int		

表 4-9

表名	API 组（apigroup）		
列名	数据类型	空/非空	约束条件
apiGroupId	Int	N	主键
name	Varchar(100)	N	
permissions	Text	N	

表 4-10

表名	API 接口（apikey）		
列名	数据类型	空/非空	约束条件
apiKeyId	Int	N	主键
startValid	Bigint	N	
endValid	Bigint	N	
accessKey	Varchar(256)	N	
accessCount	Int	N	
userId	Int	N	
apiGroupId	Int	N	

表 4-11

表名	任务分配（assignment）		
列名	数据类型	空/非空	约束条件
assignmentId	Int	N	主键
taskId	Int	N	
agentId	Int	N	
benchmark	Varchar(50)	N	

表 4-12

表名	分区块操作（chunk）		
列名	数据类型	空/非空	约束条件
chunkId	Int	N	主键
taskId	Int	N	
skip	Bigint	N	
length	Bigint	N	
agentId	Int		
dispatchTime	Int	N	
solveTime	Int	N	
checkpoint	Bigint	N	
progress	Int	N	
state	Int	N	
cracked	Int	N	
speed	Bigint	N	

表 4-13

表名	配置（config）		
列名	数据类型	空/非空	约束条件
configId	Int	N	主键
configSectionId	Int	N	
item	Varchar(80)	N	
value	Text	N	

表 4-14

表名	配置节点（configsection）		
列名	数据类型	空/非空	约束条件
configSectionId	Int	N	主键
sectionName	Varchar(100)	N	

表 4-15

表名	破解文件信息（crackerbinary）		
列名	数据类型	空/非空	约束条件
crackerBinaryId	Int	N	主键
crackerBinaryTypeId	Int	N	
version	Varchar(20)	N	
downloadUrl	Varchar(150)	N	
binaryName	Varchar(50)	N	

表 4-16

表名	破解文件类型信息（crackerbinarytype）		
列名	数据类型	空/非空	约束条件
crackerBinaryTypeId	Int	N	主键
typeName	Varchar(30)	N	
isChunkingAvailable	Int	N	

表 4-17

表名	文件信息（file）		
列名	数据类型	空/非空	约束条件
fileId	Int	N	主键
filename	Varchar(100)	N	
size	Bigint	N	
isSecret	Int	N	
fileType	Int	N	
accessGroupId	Int	N	

表 4-18

表名	删除文件信息（filedelete）		
列名	数据类型	空/非空	约束条件
fileDeleteId	Int	N	主键
filename	Varchar（256）	N	
time	Int	N	

表 4-19

表名	下载文件信息（filedownload）		
列名	数据类型	空/非空	约束条件
fileDownloadId	Int	N	主键
time	Int	N	
fileId	Int	N	
status	Int	N	

表 4-20

表名	文件预分配（filepretask）		
列名	数据类型	空/非空	约束条件
filePretaskId	Int	N	主键
fileId	Int	N	
pretaskId	Int	N	

表 4-21

表名	文件任务（filetask）		
列名	数据类型	空/非空	约束条件
fileTaskId	Int	N	主键
fileId	Int	N	
taskId	Int	N	

表 4-22

表名	哈希表（hash）		
列名	数据类型	空/非空	约束条件
hashId	Int	N	主键
hashlistId	Int	N	
hash	Varchar（1024）	N	
salt	Varchar（1024）		
plaintext	Varchar（256）		
timeCracked	Int		
chunkId	Int		
isCracked	Tinyint	N	

表 4-23

表名	哈希信息表（hashbinary）		
列名	数据类型	空/非空	约束条件
hashBinaryId	Int	N	主键
hashlistId	Int	N	
essid	Varchar（100）	N	
hash	Mediumtext	N	
plaintext	Varchar（1024）		
timeCracked	Int		
chunkId	Int		
isCracked	Tinyint	N	

表 4-24

表名	哈希集合（hashlist）		
列名	数据类型	空/非空	约束条件
hashlistId	Int	N	主键
hashlistName	Int	N	
format	Varchar（100）	N	
hashTypeId	Mediumtext	N	
hashCount	Varchar（1024）		
saltSeparator	Int		
cracked	Int		
isSecret	Tinyint	N	

17

表 4-25

表名	哈希集合列表（hashlisthashlist）		
列名	数据类型	空/非空	约束条件
hashlistHashlistId	Int	N	主键
parentHashlistId	Int	N	
hashlistId	Int	N	

表 4-26

表名	哈希类型描述（hashtype）		
列名	数据类型	空/非空	约束条件
hashTypeId	Int	N	主键
description	Varchar(256)	N	
isSalted	Tinyint	N	

表 4-27

表名	Hwp 文档集合（hwp_list）		
列名	数据类型	空/非空	约束条件
hwp_id	Int	N	主键
hwp_name	Varchar(256)		
hwp_crack	Tinyint		
hwp_state	Int		
hwp_date	Int		
hwp_progress	Varchar(256)		
hwp_fileName	Varchar(256)		
hwp_runTime	Varchar(256)		
hwp_averageSpeed	Varchar(256)		
hwp_speed	Varchar(256)		

表 4-28

表名	日志信息（logentry）		
列名	数据类型	空/非空	约束条件
hwp_taskId	Int	N	主键
hwp_listId	Int	N	
hwp_taskName	Varchar(256)	N	
hwp_pretask	Varchar(256)	N	
hwp_attackCmd	Varchar(256)	N	
hwp_progress	Varchar(256)	N	
hwp_taskState	Int		
hwp_speed	Varchar(256)		

表 4-29

表名	日志信息（logentry）		
列名	数据类型	空/非空	约束条件
logEntryId	Int	N	主键
issuer	Varchar(256)	N	
issuerId	Varchar(256)	N	
level	Varchar(256)	N	
message	Text	N	
time	Int	N	

表 4-30

表名	部门信息（module_dept）		
列名	数据类型	空/非空	约束条件
deptno	Int	N	主键
dname	Varchar(256)	N	
loc	Varchar(256)	N	

表 4-31

表名	员工信息（module_emp）		
列名	数据类型	空/非空	约束条件
empno	Int	N	主键
ename	Varchar(256)	N	
job	Varchar(256)	N	
deptno	Int	N	

表 4-32

表名	通知设置（notificationsetting）		
列名	数据类型	空/非空	约束条件
notificationSettingId	Int	N	主键
action	Varchar(256)	N	
objectId	Int		
notification	Varchar(256)	N	
userId	Int	N	
receiver	Varchar(256)	N	
isActive	Tinyint	N	

表 4-33

表名	预处理任务（pretask）		
列名	数据类型	空/非空	约束条件
pretaskId	Int	N	主键
taskName	Varchar(256)	N	
attackCmd	Varchar(2560)		
chunkTime	Int	N	
statusTimer	Int	N	
color	Varchar(256)		
isSmall	Int	N	
isCpuTask	Int	N	
useNewBench	Int	N	
priority	Int	N	
isMaskImport	Int	N	
crackerBinaryTypeId	Int	N	

表 4-34

表名	凭证号（regvoucher）		
列名	数据类型	空/非空	约束条件
regVoucherId	Int	N	主键
voucher	Varchar(100)	N	
time	Int	N	

表 4-35

表名	组群（rightgroup）		
列名	数据类型	空/非空	约束条件
rightGroupId	Int	N	主键
groupName	Varchar(100)	N	
permissions	Text	N	

表 4-36

表名	会话（session）		
列名	数据类型	空/非空	约束条件
sessionId	Int	N	主键
userId	Int	N	
sessionStartDate	Int	N	
lastActionDate	Int		
isOpen	Int		
sessionLifetime	Int		
sessionKey	Varchar(256)		

表 4-37

表名	存储（storedvalue）		
列名	数据类型	空/非空	约束条件
storedValueId	Varchar(256)	N	主键
val	Varchar(256)	N	

表 4-38

表名	任务集合列表(supertask)		
列名	数据类型	空/非空	约束条件
supertaskId	Int	N	主键
supertaskName	Varchar(256)	N	

表 4-39

表名	总任务集合列表(supertaskpretask)		
列名	数据类型	空/非空	约束条件
supertaskPretaskId	Int	N	主键
supertaskId	Int	N	
pretaskId	Int	N	

表 4-40

表名	登录日志(sys_log)		
列名	数据类型	空/非空	约束条件
LOG_ID	Int	N	主键
ACTION	Text		
PARAMETERS	Text		
RES	Text		
ACCOUNT	Varchar(256)		
IP	Varchar(256)		
LOG_TIME	Timestamp		

表 4-41

表名	系统菜单(sys_menu)		
列名	数据类型	空/非空	约束条件
MENU_PERMISSION_ID	Int	N	主键
NAME	Varchar(256)		
ACTION	Varchar(256)		
PARENT_ID	Int		
SORT_NUM	Int		
ICON	Varchar(256)		
REMARK	Varchar(256)		

表 4-42

表名	操作权限(sys_operation)		
列名	数据类型	空/非空	约束条件
OPERATION_PERMISSION_ID	Int	N	主键
MENU_PERMISSION_ID	Int		
NAME	Varchar(256)		
ACTION	Varchar(256)		
REMARK	Varchar(256)		

表 4-43

表名	角色(sys_role)		
列名	数据类型	空/非空	约束条件
ROLE_ID	Int	N	主键
NAME	Varchar(256)		
STATUS	Int		
REMARK	Varchar(256)		

表 4-44

表名	角色菜单(sys_role_menu)		
列名	数据类型	空/非空	约束条件
ROLE_ID	Int	N	主键
MENU_PERMISSION_ID	Int		

表 4-45

表名	角色操作(sys_role_operation)		
列名	数据类型	空/非空	约束条件
ROLE_ID	Int	N	主键
OPERATION_PERMISSION_ID	Int		

表 4-46

表名	用户(sys_user)		
列名	数据类型	空/非空	约束条件
USER_ID	Int	N	主键
NAME	Varchar(256)	N	
PASSWORD	Varchar(256)	N	
STATUS	Int		
REAL_NAME	Varchar(256)		
DEPTNO	Int		

表 4-47

表名	用户角色（sys_user_role）		
列名	数据类型	空/非空	约束条件
USER_ID	Int	N	主键
ROLE_ID	Int		

表 4-48

表名	任务（task）		
列名	数据类型	空/非空	约束条件
taskId	Int	N	主键
taskName	Varchar(256)		
attackCmd	Varchar(2560)		
chunkTime	Int		
statusTimer	Int		
keyspace	Bigint		
keyspaceProgress	Bigint		
priority	Int		
color	Varchar(256)		
isSmall	Int		
isCpuTask	Int		
useNewBench	Int		
skipKeyspace	Bigint		
crackerBinaryId	Int		
crackerBinaryTypeId	Int		
taskWrapperId	Int		
isArchived	Int		
isPrince	Int		
notes	Text		
staticChunks	Int		
chunkSize	Bigint		
forcePipe	Int		

表 4-49

表名	调试（taskdebugoutput）		
列名	数据类型	空/非空	约束条件
taskDebugOutputId	Int	N	主键
taskId	Int	N	
output	Varchar（256）	N	

表 4-50

表名	调试（taskwrapper）		
列名	数据类型	空/非空	约束条件
taskWrapperId	Int	N	主键
priority	Int	N	
taskType	Int	N	
hashlistId	Int	N	
accessGroupId	Int		
taskWrapperName	Varchar（256）	N	
isArchived	Int	N	

表 4-51

表名	2 次验证（user）		
列名	数据类型	空/非空	约束条件
userId	Int	N	主键
username	Varchar（256）	N	
email	Varchar（256）	N	
passwordHash	Varchar（256）	N	
passwordSalt	Varchar（256）	N	
isValid	Int	N	
isComputedPassword	Int	N	
lastLoginDate	Int	N	
registeredSince	Int	N	
sessionLifetime	Int	N	
rightGroupId	Int	N	
yubikey	Varchar（256）		
otp1	Varchar（256）		
Otp2	Varchar（256）		
Otp3	Varchar（256）		
Otp4	Varchar（256）		

表 4-52

表名	任务应用客户端信息（zap）		
列名	数据类型	空/非空	约束条件
zapId	Int	N	主键
hash	Varchar(256)	N	
solveTime	Int	N	
agentId	Int		
hashlistId	Int	N	

5. 创 建 项 目

5.1 项目简介

基于企业级快速开发基础平台,提供多种技术方案选择,支持 Spring, MyBatis, Struts, Shiro 等核心框架。

整合了广泛使用的 JaveEE 领域优秀框架及 EasyUI 前端框架;提供了基于用户、角色、权限方案的后台权限管理系统,安全管理框架及常用开发组件。为企业级项目开发提供了基础架构和规范。

Spring 4+(SpringMVC)

MyBatis 3.4+

Shiro 2+

EasyMyBatis-Pagination

EasyShiro

EasyFilter

EasyUI 1.4+

EasyUIEx 2.2+

5.2 项目结构

项目结构如下所示。

EasySM(项目)

+ src/main/java(源码目录)

    + cn. easyproject. easyee. sm(包前缀)

       + base(项目基础功能公共组件包)

          + controller

            +BaseController. java(基础 Controller,所有Controller类继承 BaseController)

          + pagination(EasyMyBatis-Pagination)

          + service

            + BaseService. java(基础 Service,所有 Service 类都基础 BaseService)

          + util

+ ...（PageBean、EasyCriteria，加密、日期处理等日常开发和项目所需的工具类）

    + sys（权限管理系统实现包）

      + controller，entity，dao，service，util，shiro，criteria...

    + hr（自定义模块开发包，演示了一个员工管理的 Demo）

      + controller，entity，dao，service，criteria...

+ src/main/resource（源码资源目录）

  + i18n

    + ApplicationResources. properties（i18n）

    + ApplicationResources_zh_CN. properties（i18n）

  + mybatis

    + mapper

      + hr

      + sys

    + mybatis-config. xml

  + spring

    + ApplicationContext_bean. xml（Spring Bean scanner）

    + ApplicationContext_dao. xml（Spring DAO）

    + ApplicationContext_mvc. xml（Spring MVC）

    + ApplicationContext_shiro. xml（Spring Shiro）

    + ApplicationContext. xml（Spring Core configuration）

  + db. properties（数据库连接参数配置）

  + easyFilter. properties（EasyFilter Web 请求内容过滤替换组件配置文件）

  + ehcache. xml（ehcache 二级缓存配置）

  + log4j. properties（Log4J）

  + log4j2. xml（Log4J2）

+ src/test/java（测试源码目录）

+ src/test/resource（测试资源目录）

+ WebRoot（Web 根目录）

  + doc

  + jsp（一般 JSP 页面）

    + echarts（ECharts demo）

    + error（系统错误页面）

      + notFound. jsp（404 错误提示页面）

      + permissionDenied. jsp（权限不足提示页面）

      + serverError. jsp（400 错误提示页面）

    + VerifyCode. jsp（验证码生成 JSP）

+ locklogin

　　+ admin. jsp（EasyShiro LockLogin Management）

+ script（项目开发页面相关 JS 文件,和 WEB-INF/content 下的页面一一对应）

　　+ main

　　　　+ sys（系统权限模块 JS...）

　　　　+ main. js（系统主页面 JS）

　　+ login. js（登录页面 JS）

+ staticresources

　　+ easyee（easyssh 核心 js 文件）

　　　　+ json（easyssh 所需的 JSON 文件——主题,图标）

　　　　+ easyee-sh. main. js（easyssh 核心 JS,全局 Ajax 请求响应处理）

　　　　+ jquery. cookie. js（cookie 处理）

　　+ easyui（EasyUI 前端框架）

　　+ easyuiex（EasyUIEx 扩展插件）

　　+ echarts（EChars 前端图形报表组件）

　　+ error（JSP 错误页面）

　　+ images（图片）

　　+ style（css 样式表）

　　　　+ easyee. main. css（easyssh 系统全局 css）

+ WEB-INF

　　+ content（项目核心页面）

　　　　+ dialog（EasyUI Dialog 相关页面）

　　　　　　+ sys（权限系统模块相关 Dialog 页面）

　　　　　　+ hr（自定义开发模块,员工管理 Demo 相关 Dialog 页面）

　　　　+ main（EasyUI 核心页面）

　　　　　　+ sys（权限系统模块相关页面）

　　　　　　+ hr（自定义开发模块,员工管理 Demo 相关页面）

　　　　　　+ main. jsp（EasySSH 登录后的主页面）

　　　　+ login. jsp（登录页面）

　　+ lib（系统 jar 包,包含 SSH、druid 连接池、easyFilter、开发常用组件等等）

　　+ web. xml（部署描述符文件）

5.3 模块结构

5.3.1 创建新模块包结构

新模块包结构如下。

```
cn. easyproject. easyssh. yourmodule
cn. easyproject. easyssh. yourmodule. entity
cn. easyproject. easyssh. yourmodule. dao
cn. easyproject. easyssh. yourmodule. service
cn. easyproject. easyssh. yourmodule. controller
cn. easyproject. easyssh. yourmodule. criteria
```

5.3.2 创建 POJO 实体类

在 entity 下根据表创建 Entity 实体类，具体如下。

```
public class Dept implements java. io. Serializable {
    //...
}
```

5.3.3 编写 MyBatis DAO 接口和 SQL 映射文件

DAO Mapper interface 示例如下。

```
public interface DeptDAO {

    public void save(Dept dept);
    public void delete(Serializable deptno);
    public void update(Dept dept);
    public Dept get(Integer deptno);

    public List<Dept> findAll();
    public int findMaxRow();

    @SuppressWarnings("rawtypes")
    public List pagination(PageBean pageBean);
}
```

SQL Mapper XML 示例如下。

（src/main/resource/mybatis/mapper/yourmodule/DeptDAO. xml）

```xml
<? xml version = "1. 0" encoding = "UTF-8"? >
<! DOCTYPE mapper
  PUBLIC "-//mybatis. org//DTD Mapper 3. 0//EN"
  "http://mybatis. org/dtd/mybatis-3-mapper. dtd">
<mapper namespace = "cn. easyproject. easyee. sm. hr. dao. DeptDAO">

    <insert id = "save">
        insert into module_dept(dname, loc) values(#{dname}, #{loc})
    </insert>
    <delete id = "delete">
        delete from module_dept where deptno = #{deptno}
    </delete>
    <update id = "update">
        update module_dept set dname = #{dname}, loc = #{loc} where deptno = #{deptno}
    </update>
    <select id = "get" resultType = "Dept">
        select * from module_dept where deptno = #{deptno}
    </select>

    <select id = "findAll" resultType = "Dept">
        select * from module_dept
    </select>
    <select id = "findMaxRow" resultType = "int">
        select count( * ) from module_dept
    </select>

    <! -- EasyMyBatis-Pagination -->
    <select id = "pagination" resultType = "Dept">
        ${autoSQL}
    </select>
</mapper>
```

5.3.4 编写 Service 业务接口

在 service 下编写业务接口，使用 @Transactional 声明事务，具体如下。

31

```
@ Transactional
    public interface DeptService {
    public void save(Dept dept);
    public void delete(Serializable deptno);
    public void update(Dept dept);
    @ Transactional(readOnly = true)
    public Dept get(Integer deptno);

    @ SuppressWarnings("rawtypes")
    @ Transactional(readOnly = true)
    public void findByPage(PageBean pageBean, DeptCriteria deptCriteria);

    @ Transactional(readOnly = true)
    public List<Dept> findAll();
}
```

在 service. impl 下编写业务接口对应的实现类时，业务实现类统一继承 BaseService 类，使用@ Service 声明 Bean，具体如下。

```
/ **
 * 业务实现类统一继承 BaseService 类
 *
 * @ author
 * @ version 1. 0
 *
 * /
@ Service("deptService")
public class DeptServiceImpl extends BaseService implements DeptService {

    @ Resource
    DeptDAO deptDAO;

    @ Override
    public void save(Dept dept) {
    deptDAO. save(dept);
    }
```

```
@ Override
public void delete( Serializable deptno) {
deptDAO. delete( deptno) ;
}

@ Override
public void update( Dept dept) {
deptDAO. update( dept) ;
}

@ Override
public Dept get( Integer deptno) {
return deptDAO. get( deptno) ;
}

@ SuppressWarnings( { "rawtypes" } )
@ Override
public void findByPage( PageBean pageBean, DeptCriteria deptCriteria) {
pageBean. setFrom( "module_dept dept" ) ;
pageBean. setSelect( "dept. * " ) ;
pageBean. setEasyCriteria( deptCriteria) ;
// 按条件分页查询
deptDAO. pagination( pageBean) ;
}

@ Override
public List<Dept> findAll( ) {
return deptDAO. findAll( ) ;
}
}
```

5.3.5　编写 Controller 控制器

Controller 控制器示例如下。

```
/ **
   * Must extends BaseController
   *
   * BaseController 中定义了一下内容:
   * - request, application Servlet API
   * - 请求响应相关的 JSON 参数(EasyUI 框架请求都是通过 JSON 响应)
   * - 初始化 JSON 响应数据的方法 ( setJsonMap, setJsonMsgMap, setJsonPaginationMap
(PageBean, Object...))
   * - 获得分页对象:super. getPageBean()
   *
   * @ author
   * @ version 1. 0
   *
   * /
@ RestController
@ RequestMapping( "Dept")
public class DeptController extends BaseController {

@ Resource
private DeptService deptService;

@ Resource
private EmpService empService;

   / **
    * 转向显示页面
    * @ return
    * /
@ RequestMapping( "page")
public ModelAndView page( ModelAndView mv) {
    mv. setViewName( "main/hr/Dept");
    return mv;
}
   / **
    * CRUD
    * @ return
    * /
```

```
@ RequestMapping( "save" )
public Map<Object,Object> save( Dept dept ) {
    // 保存
    try {
        deptService. save( dept ) ;
        // 处理成功 消息
        super. setMsgKey( "msg. saveSuccess" ) ;
    } catch ( Exception e ) {
        e. printStackTrace( ) ;
        super. setMsgKey( "msg. saveFail" ) ;
        super. setStatusCode( StatusCode. ERROR ) ; //默认为 OK
    }

    / *
     * Ajax 响应信息
     * statusCode：响应状态码；
     * msg：响应消息；
     * callback：执行回调函数,
     * locationUrl：跳转页面
     * /
    // EasyUI 框架响应结果都是 JSON
    // JSON 数据初始化,包含 EasySSH Ajax 响应信息
    // super. setJsonMsgMap( ) ;


    // 添加数据后,使用 rowData 信息更新行的内容
    // 返回 JSON
    return super. setJsonMsgMap( "rowData", dept ) ;

    // 如果需要刷新,跳转到最后一页
    //int page = deptService. findMaxPage( rows ) ;
    //return super. setJsonMsgMap( "rowData", dept, "page", page ) ;
}

/ **
 * 分页
 * @ return
```

```
    */
@SuppressWarnings("rawtypes")
@RequestMapping("list")
public Map<Object,Object> list(DeptCriteria deptCriteria){
    PageBean pb = super.getPageBean(); // 获得分页对
    deptService.findByPage(pb,deptCriteria);
    // EasyUI 框架响应结果都是 JSON
    // JSON 数据初始化,包含 EasySSH Ajax 响应信息和分页信息
    return super.setJsonPaginationMap(pb);
}


@RequestMapping("delete")
public Map<Object,Object> delete(Dept dept){
    try {
        if(empService.findEmpCountByDeptno(dept.getDeptno())==0){
            deptService.delete(dept.getDeptno());
        }else{
            super.setMsgKey("hr.DeptController.empExists");
            super.setStatusCode(StatusCode.ERROR);
        }
    } catch (Exception e) {
        e.printStackTrace();
        super.setStatusCode(StatusCode.ERROR); //默认为 OK
    }
    return super.setJsonMsgMap();
}


@RequestMapping("update")
public Map<Object,Object> update(Dept dept){
    try {
        deptService.update(dept);
        super.setMsgKey("msg.updateSuccess");
    } catch (Exception e) {
        e.printStackTrace();
        super.setMsgKey("msg.updateFail");
        super.setStatusCode(StatusCode.ERROR); //默认为 OK
    }

    return super.setJsonMsgMap();
  }
}
```

5.3.6　页面开发

在主目录下创建存放新模块页面的目录，如：

webapp/WEB-INF/content/main/yourmodule（EasyUI 页面主目录）

webapp/WEB-INF/content/dialog/yourmodule（EasyUI Dialog 页面主目录）

按照 EasyUI 框架指导和 Demo 开发页面。EasyEE 使用 EasyUI Tabs 的 href 属性引入 tab 子页面，不是 content（iframe 框架）属性，所以各个模块页面是和当前页面合并在一起，无需在子页面重复引入主页面的 JS，CSS 等。

EasyUI Tabs 两种动态动态加载方式之间的区别：

使用 content（iframe 框架）引入页面：content : '<iframe scrolling="auto" frameborder="0" src="'+ url +'" style="width：100%；height：100%;"></iframe>';作为独立窗口存在，页面内容独立，与当前页面互不干扰需要独立引入需要的 JS 和 CSS 资源 弹出的内容是在内部窗口内；

使用 href 方法：href : url，内容片段加载，引入的内容和当前页面合并在一起；不需要引入页面已经引入的 JS 和 CSS 资源；引用的页面不能有 body，否则加载的内容内部的 JS 文件文法执行；会显示 html 渲染解析的提示；要防止页面间 DOM 元素，JS 的命名冲突（DOM 命名要使用统一前缀唯一，JS 使用命名空间），为了防止页面间 DOM 元素命名冲突，应该为每个页面的 DOM 元素使用统一的唯一前缀。

为了防止页面间 JavaScript 变量命名冲突，应该为每个页面定义唯一的操作命名空间，所有函数注册进命名空间。

默认开发推荐结构如下。

```
<%-- 1. 页面 Datagrid 初始化相关 JS --%>

<script type="text/javascript">
// 为了防止命名冲突，为每个页面定义唯一的操作命名空间
// 所有函数注册进命名空间
var Dept = {};
$ (function() {
/*
 * datagrid 数据格式化
 */
// ...

/*
 * 数据表格初始化
 */
```

```
/*
 * 数据表格 CRUD
 */

/*
 * 搜索
 */

});
</script>

<%-- 2. 页面内容, 无需 Body --%>
<!-- ... -->

<%-- grid 右键菜单 --%>
<!-- ... -->

<%-- 3. 包含的 Dialog 页面等其他内容 --%>
<!-- ... -->
```

5.3.7 访问和权限配置

通过系统管理员, 添加新模块菜单权限(/Dept/page, 点击菜单访问 JSP 视图的 action 请求)。

通过系统管理员, 添加新模块操作权限(增删改查的 controller 请求, 显示控制的 action 名称)。

针对用户角色按需分配菜单权限和操作权限。

5.3.8 Ajax 响应信息

Ajax 响应消息结构如下。

```
{
    statusCode: 响应状态码,
    msg: 响应消息,
    callback: 执行回调函数,
    locationUrl: 跳转页面,
    //... 其他数据
}
```

BaseAction 中输出 JSON 结果相关的方法。

```
// 自定义 JSON 输出根对象
setJsonRoot(Object);
// JSON 数据初始化，包含自定义 JSON 键值对
setJsonMap(Object...)
// JSON 数据初始化，包含自定义 JSON 键值对，及 EasySSH Ajax 响应信息
setJsonMsgMap(Object...)
// JSON 数据初始化，包含自定义 JSON 键值对，分页信息，及 EasySSH Ajax 响应信息
setJsonPaginationMap(PageBean, Object...)
```

5.3.9　BaseAction

BaseAction 中定义了以下主要内容：
Servlet API(request, application)；
获得分页对象：getPageBean()；
JSON 参数(请求响应相关的 EasyUI 分页参数，EasySSH Ajax 消息参数)；
JSON 响应初始化工具方法；
reloadPermissions()：刷新用户当前的权限，用于修改权限后工具方法。

5.3.10　EasyMyBatis-Pagination

EasyMyBatis-Pagination 是一个针对 MyBaits 框架的通用分页插件。提供 PageBean 自动分页数据封装，EasyCriteria 分页条件对象，支持基于 Mappers 接口和 SQLID 两种方式的数据库的自动化分页 SQL。
PageBean 分页和查询条件处理：
DAO interface：

```
public class EmpDAO{
    public List pagination(PageBean pageBean);
    // ...
}
```

SQL Mapper：

```
<select id="pagination" resultType="Emp">
        ${autoSQL}
</select>
```

Service：

```
// 查询接口
@ Transactional
 public interface EmpService {
   //...

   // Pagination
   @ Transactional( readOnly = true)
   public void findByPage( PageBean pageBean, EmpCriteria empCriteria) ; // EmpCriteria 参数
可选
}

// 查询实现类
@ Service( "empService")
public class EmpServiceImpl extends BaseService implements EmpService {

   @ Resource
   EmpDAO empDAO;

   @ Override
   public void findByPage( PageBean pageBean, EmpCriteria empCriteria) {
       pageBean. setEasyCriteria( empCriteria) ;

       pageBean. setSelect( "e. empno, e. ename, e. job, d. deptno, d. dname") ;
       pageBean. setFrom( " module_emp e, module_dept d ") ;
       pageBean. addCondition( "and e. deptno = d. deptno") ;
       pageBean. setPrimaryTable( "e") ;

       // 按条件分页查询
       empDAO. pagination( pageBean) ;
   }

   //...}
```

PageBean 查询设置示例：
SELECT < select > FROM < from > WHERE < conditions > OREDER BY < order > < sort

Order>，<lastSort>，［primaryTable. ROWID］

```JAVA
PageBean pb=new PageBean();
// SELECT 语句；可选；默认为 *
pb. setSelect(" * ");
// From 语句；必须
pb. setFrom("Account account");
// WHERE 语句；可选；默认为 "
pb. setCondition(" and account. qxid>=10");
// 追加 WHERE 条件；可选；默认为 "
//pb. addCondition("");
// 排序列名；可选；默认为 "
pb. setSort("account. accountid");
// 排序方式；可选；默认为 'asc'
pb. setSortOrder("desc");
// 当前页数；可选；默认为 1
pb. setPageNo(1);
// 每页条数；可选；默认为 10
pb. setRowsPerPage(4);

// 按条件分页查询
xxxDAO. pagination(pageBean);
```

PageBean 查询设置示例。

```
PageBean pb=new PageBean();
 pb. setPageNo(2);
 pb. setRowsPerPage(5);
 // data sql
 pb. setSql("select * from Emp where empno<=80 and ename like #{ename} limit 10,5");
 // total sql
 pb. setCountSQL(" select count ( * ) from Emp where empno < = 80 and ename like #{ename}");
```

41

```
// Set parameter values
Map<String, Object> values = new HashMap<String, Object>();
values. put("ename", "%a%");
pb. setSqlParameterValues(values);


xxxDAO. pagination(pageBean);
```

5.3.11 EasyCriteria 条件查询

创建 EasyCriteria 类，必须 extends EasyCriteria implements Serializable，编写条件方法 getCondition()。

示例如下。

```
/**
 *
 * @author
 * @version 1.0
 *
 */
public class SysUserCriteria extends EasyCriteria implements java. io. Serializable {

    // Fields
    private static final long serialVersionUID = 1L;
    /*
     * 1. 条件属性
     */
    private String name;
    private String status;


    /*
     * 2. 条件生成抽象方法实现
     */
    public String getCondition() {
        values. clear();//清除条件数据
        StringBuffer condition = new StringBuffer();
        if (StringUtils. isNotNullAndEmpty(this. getDname())) {
```

```
            condition. append(" and dname like #{dname}");
            values. put("dname", "%" + this. getDname() + "%");
        }
        if (StringUtils. isNotNullAndEmpty(this. getLoc())) {
            condition. append(" and loc like #{loc}");
            values. put("loc", "%" + this. getLoc() + "%");
        }
        return condition. toString();
    }
    /

    3. Setters & Getters...
    /

}
```

使用示例如下。

```
PageBean pb = new PageBean();
pageBean. setSelect(" * ");
pageBean. setFrom("SysUser");


// EasyCriteria
SysUserCriteria usersCriteria = new SysUserCriteria();
usersCriteria. setName("A");
usersCriteria. setStatus(0);


pb. setEasyCriteria(usersCriteria);


// Find by EasyCriteria
xxxDAO. pagination(pageBean);
```

5.3.12 权限配置

访问权限配置;
添加菜单权限和操作权限;
为角色分配菜单权限和操作权限;
为用户分配角色;
显示控制权限配置;

在操作权限中配置显示权限动作；

在 JSP 页面引入 siro-tags 标签库，将需要显示控制的内容定义在 shiro：hasPermission 内，name 指定必须具有的显示权限动作名称。示例如下。

```
<%@ taglib uri="http://shiro.apache.org/tags" prefix="shiro"%>

<shiro:hasPermission name="deptDeleteShow">
    <div onclick="$('#deptDataGrid').edatagrid('destroyRow')" data-options="iconCls:
'icon-remove'">Delete</div>
</shiro:hasPermission>
```

按需为用户分配显示权限。

5.3.13　附加组件

1. EasyShiro

EasyShiro 是一个基于 Shiro 的安全扩展组件。为基于数据库权限管理和 Web URL 授权的 RBAC(Role Based Access Control) Web 权限模型，提供通用支持。EasyShiro 能简化安全集成，并提供验证码、自动登录、登录锁定、错误消息管理、拦截器、Ajax 响应等等更强大全面的功能支持，仅需简单配置即可。

2. EasyFilter Jave Web 请求内容过滤替换组件

EasyFilter 是一个 Jave Web 请求内容过滤替换组件，支持使用 properties 或 xml 配置文件自定义过滤配置，能够对用户请求中的以下信息进行过滤替换：

(1)特殊字符替换(如：<，>特殊标记，脚本等)；

(2)非法关键字替换(如：网络系统中国情不允许的特殊关键词)；

(3)SQL 防注入过滤(如：%，*，or，delete，and 等等 SQL 特殊关键字)。

在 easyFilter.xml 中已经预定义了默认的替换配置。

3. EasyCommons 通用开发组件

EasyCommons-imageutils 提供图片压缩、图片地址提取、图片水印等工具类。

EasyCommons-objectutils 提供代替 Java Properties 对象的 properties 文件操作组件。

EasyCommons-propertiesutils 提供基于字段表达式(FieldExpression)对象属性抽取、对象属性过滤、对象属性置空等 Obejct 对象操作组件。

5.3.14　EasyUIEx

EasyUIEx 是针对使用 jQuery EasyUI 框架开发的扩展性插件，主要对 EasyUI 框架的常用功能进行了封装和扩展。着重在 CRUD 方面进行了封装扩展，能大大提高 EasyUI 的易用性，简化操作的复杂性，并提供附加功能。

在进行项目开发时使用 jQuery EasyUI + EasyUIEx 架构能大大简化 EasyUI 框架使用的复杂性，尤其在各种数据网格的 CRUD 方面做了高度封装。

在项目中，优先查询 EasyUIEx API 来完成功能能达到事半功倍的作用。

6. 公共类设计

6.1 Excel 工具类

Excel 工具类设计示例如下。

```
/**
 * Created with IntelliJ IDEA
 *
 * @ Author
 * @ Description Excel 解析 Exception
 * @ Date
 * @ Time 15:56
 */
public class ExcelException extends RuntimeException {
    /**
     *
     */
    private static final long serialVersionUID = 1L;

    public ExcelException(String message) {
        super(message);
    }
}
import com.alibaba.excel.context.AnalysisContext;
import com.alibaba.excel.event.AnalysisEventListener;

import java.util.ArrayList;
import java.util.List;

/**
 * Created with IntelliJ IDEA
```

```
 *
 * @Author
 * @Description 监听类,可以自定义
 * @Date
 * @Time 16:58
 */
@SuppressWarnings("rawtypes")
public class ExcelListener extends AnalysisEventListener {

    //自定义用于暂时存储 data。
    //可以通过实例获取该值
    private List<Object> datas = new ArrayList<>();

    /**
     * 通过 AnalysisContext 对象还可以获取当前 sheet,当前行等数据
     */
    @Override
    public void invoke(Object object, AnalysisContext context) {
        //数据存储到 list,供批量处理,或后续自己业务逻辑处理。
        datas.add(object);
        //根据业务自行 do something
        doSomething();

        /*
        如数据过大,可以进行定量分批处理
        if(datas.size()<=100){
            datas.add(object);
        }else{
            doSomething();
            datas = new ArrayList<Object>();
        }
        */

    }

    /**
     * 根据业务自行实现该方法
```

```
        */
    private void doSomething( ) {
    }


    @ Override
    public void doAfterAllAnalysed( AnalysisContext context ) {
        /*
            datas. clear( );
            解析结束销毁不用的资源
         */
    }


    public List<Object> getDatas( ) {
        return datas;
    }


    public void setDatas( List<Object> datas ) {
        this. datas = datas;
    }
}
import com. alibaba. excel. ExcelReader;
import com. alibaba. excel. ExcelWriter;
import com. alibaba. excel. metadata. BaseRowModel;
import com. alibaba. excel. metadata. Sheet;
import com. alibaba. excel. support. ExcelTypeEnum;

import cn. easyproject. easyee. sm. base. util. DateUtil;

import org. springframework. web. multipart. MultipartFile;

import javax. servlet. http. HttpServletResponse;
import java. io. * ;
import java. util. List;

/**
 * Created with IntelliJ IDEA
 *
```

```java
 * @ Author
 * @ Description 工具类
 * @ Date
 * @ Time 14:07
 */
public class ExcelUtil {
    /**
     * 读取 Excel(多个 sheet)
     *
     * @ param excel 文件
     * @ param rowModel 实体类映射,继承 BaseRowModel 类
     * @ return Excel 数据 list
     */
    public static List<Object> readExcel(MultipartFile excel, BaseRowModel rowModel) {
        ExcelListener excelListener = new ExcelListener();
        ExcelReader reader = getReader(excel, excelListener);
        if (reader == null) {
            return null;
        }
        for (Sheet sheet : reader.getSheets()) {
            if (rowModel != null) {
                sheet.setClazz(rowModel.getClass());
            }
            reader.read(sheet);
        }
        return excelListener.getDatas();
    }

    /**
     * 读取某个 sheet 的 Excel
     *
     * @ param excel 文件
     * @ param rowModel 实体类映射,继承 BaseRowModel 类
     * @ param sheetNo   sheet 的序号 从 1 开始
     * @ return Excel 数据 list
     */
```

```
    public static List<Object> readExcel(MultipartFile excel, BaseRowModel rowModel, int
sheetNo) {
        return readExcel(excel, rowModel, sheetNo, 1);
    }


    /**
     * 读取某个 sheet 的 Excel
     *
     * @param excel     文件
     * @param rowModel 实体类映射,继承 BaseRowModel 类
     * @param sheetNo sheet 的序号 从 1 开始
     * @param headLineNum 表头行数,默认为 1
     * @return Excel 数据 list
     */
    public static List<Object> readExcel(MultipartFile excel, BaseRowModel rowModel, int
sheetNo,
                        int headLineNum) {
        ExcelListener excelListener = new ExcelListener();
        ExcelReader reader = getReader(excel, excelListener);
        if (reader == null) {
            return null;
        }
        reader.read(new Sheet(sheetNo, headLineNum, rowModel.getClass()));
        return excelListener.getDatas();
    }


    /**
     * 导出 Excel :一个 sheet,带表头
     *
     * @param response    HttpServletResponse
     * @param list    数据 list,每个元素为一个 BaseRowModel
     * @param fileName   导出的文件名
     * @param sheetName 导入文件的 sheet 名
     * @param object 映射实体类,Excel 模型
     */
    public static void writeExcel(HttpServletResponse response, List<? extends BaseRowModel>
list,
```

```java
        String fileName, String sheetName, BaseRowModel object) {
    ExcelWriter writer = new ExcelWriter(getOutputStream(fileName, response),
ExcelTypeEnum. XLSX);
    Sheet sheet = new Sheet(1, 0, object. getClass());
    sheet. setSheetName(sheetName);
    writer. write(list, sheet);
    writer. finish();
}


/**
 * 导出 Excel :多个 sheet,带表头
 *
 * @param response    HttpServletResponse
 * @param list    数据 list,每个元素为一个 BaseRowModel
 * @param fileName    导出的文件名
 * @param sheetName 导入文件的 sheet 名
 * @param object 映射实体类,Excel 模型
 */
public static ExcelWriterFactroy writeExcelWithSheets(HttpServletResponse response,
List<? extends BaseRowModel> list,
        String fileName, String sheetName, BaseRowModel object) {
    ExcelWriterFactroy writer = new ExcelWriterFactroy(getOutputStream(fileName,
response), ExcelTypeEnum. XLSX);
    Sheet sheet = new Sheet(1, 0, object. getClass());
    sheet. setSheetName(sheetName);
    writer. write(list, sheet);
    return writer;
}


/**
 * 导出文件时为 Writer 生成 OutputStream
 */
private static OutputStream getOutputStream(String fileName, HttpServletResponse
response) {
    //创建本地文件
    String filePath = fileName. substring(fileName. lastIndexOf("_")+1);
```

```
        filePath = filePath. concat("_"). concat(String. valueOf(DateUtil. getTimestamp()))
. concat(".xlsx");
        File dbfFile = new File(filePath);
        try {
            if (! dbfFile. exists() || dbfFile. isDirectory()) {
                dbfFile. createNewFile();
            }
            fileName = new String(filePath. getBytes(), "ISO-8859-1");
            response. addHeader("Content-Disposition", "filename=" + fileName);
            return response. getOutputStream();
        } catch (IOException e) {
            throw new ExcelException("创建文件失败!");
        }
    }


    /**
     * 返回 ExcelReader
     *
     * @param excel 需要解析的 Excel 文件
     * @param excelListener new ExcelListener()
     */
    private static ExcelReader getReader(MultipartFile excel,
                        ExcelListener excelListener) {
        String filename = excel. getOriginalFilename();
        if (filename == null || (! filename. toLowerCase(). endsWith(".xls") && !
filename. toLowerCase(). endsWith(".xlsx"))) {
            throw new ExcelException("文件格式错误!");
        }
        InputStream inputStream;
        try {
            inputStream = new BufferedInputStream(excel. getInputStream());
            return new ExcelReader(inputStream, null, excelListener, false);
        } catch (IOException e) {
            e. printStackTrace();
        }
        return null;
    }
```

```
}
import com. alibaba. excel. ExcelWriter;
import com. alibaba. excel. metadata. BaseRowModel;
import com. alibaba. excel. metadata. Sheet;
import com. alibaba. excel. support. ExcelTypeEnum;

import java. io. IOException;
import java. io. OutputStream;
import java. util. List;

/**
 * Created with IntelliJ IDEA
 *
 * @ Author
 * @ Description
 * @ Date
 * @ Time 16:47
 */
public class ExcelWriterFactroy extends ExcelWriter {
    private OutputStream outputStream;
    private int sheetNo = 1;

    public ExcelWriterFactroy( OutputStream outputStream, ExcelTypeEnum typeEnum) {
        super( outputStream, typeEnum);
        this. outputStream = outputStream;
    }

    public ExcelWriterFactroy write( List<? extends BaseRowModel> list, String sheetName,
                        BaseRowModel object) {
        this. sheetNo++;
        try {
            Sheet sheet = new Sheet( sheetNo, 0, object. getClass( ) );
            sheet. setSheetName( sheetName);
            this. write( list, sheet);
        } catch (Exception ex) {
            ex. printStackTrace( );
            try {
```

```
                    outputStream. flush( ) ;
            } catch (IOException e) {
                e. printStackTrace( ) ;
            }
        }
        return this ;
    }


    @ Override
    public void finish( ) {
        super. finish( ) ;
        try {
            outputStream. flush( ) ;
        } catch (IOException e) {
            e. printStackTrace( ) ;
        }
    }
}
```

6.2 编码、解码工具类

编码、解码工具类设计示例如下。

```
import java. io. File ;
import java. io. FileInputStream ;
import java. io. FileNotFoundException ;
import java. io. IOException ;

import org. apache. commons. codec. binary. Base64 ;

/ **
  * Base64 编码,解码工具类
  * @ author
  *
  * /
```

```java
public class Base64Util {
    /**
     * 将文件编码为 Base64 字符串
     * @param data
     * @return
     */
    public static String encodeBase64String(byte[] data) {
        byte[] encode = Base64.encodeBase64(data);
        return new String(encode);
    }

    /**
     * 将文件编码为 Base64 字符串
     * @param file
     * @return
     */
    public static String encodeBase64String(File file) {
        FileInputStream inputFile = null;
        try {
            inputFile = new FileInputStream(file);
            byte[] buffer = new byte[(int) file.length()];
            inputFile.read(buffer);
            inputFile.close();
            return encodeBase64String(buffer);
        } catch (FileNotFoundException e) {
            e.printStackTrace();
            return "";
        } catch (IOException e) {
            e.printStackTrace();
            return "";
        }

    }


    public static void main(String[] args) throws IOException {
        File file = new File("E:/desktop/default.jpg");
        FileInputStream inputFile = new FileInputStream(file);
```

```
    byte[ ] buffer = new byte[ (int) file. length( ) ];
    inputFile. read( buffer) ;
    inputFile. close( ) ;
     System. out. println( encodeBase64String( buffer) ) ;
  }
}
```

6.3　验证码工具类

验证码工具类设计示例如下。

```
import java. awt. Color;
import java. awt. Font;
import java. awt. Graphics;
import java. awt. image. BufferedImage;
import java. io. File;
import java. io. FileOutputStream;
import java. util. Random;

import javax. imageio. ImageIO;

public class CaptchaUtils {

    // 随机产生的字符串
        private    static    final    String    RANDOM    _    STRS    =    "
    23456789ABCDEFGHJKMNPQRSTUVWXYZ";

    private static final String FONT_NAME = "Times New Roman";//字体
    private static final int FONT_SIZE = 32;//字体大小
    private int width = 110;// 图片宽
    private int height = 40;// 图片高
    private int lineNum = 15;// 干扰线数量
    private int strNum = 4;// 随机产生字符数量

    private Random random = new Random( );
```

```
/**
 * 生成随机图片
 */
public BufferedImage genRandomCodeImage(StringBuffer randomCode) {
    // BufferedImage 类是具有缓冲区的 Image 类
    BufferedImage image = new BufferedImage(width, height,
            BufferedImage.TYPE_INT_RGB);
    // 获取 Graphics 对象,便于对图像进行各种绘制操作
    Graphics g = image.getGraphics();
    //g.setColor(getRandColor(200, 250));
    g.setColor(Color.WHITE);
    g.fillRect(0, 0, width, height);
    //g.setColor(new Color());
    //g.drawRect(0,0,width-1,height-1);
    g.setColor(getRandColor(80, 140));


    // 绘制随机字符
    g.setFont(new Font(FONT_NAME, Font.BOLD, FONT_SIZE));

    for (int i = 0; i < strNum; i++) {
        randomCode.append(drowString(g, i));
    }

    // 绘制干扰线
        for (int i = 0; i <= lineNum; i++) {
            drowLine(g);
        }

    g.dispose();
    return image;
}

/**
 * 给定范围获得随机颜色
 */
```

```java
private Color getRandColor(int fc, int bc) {
    Random random = new Random();
    if (fc > 255)
        fc = 255;
    if (bc > 255)
        bc = 255;
    int r = fc + random.nextInt(bc - fc);
    int g = fc + random.nextInt(bc - fc);
    int b = fc + random.nextInt(bc - fc);
    return new Color(r, g, b);
}

/**
 * 绘制字符串
 */
private String drowString(Graphics g, int i) {
    g.setColor(new Color(20 + random.nextInt(150), 20 + random
                .nextInt(140), 20 + random.nextInt(150)));
    String rand = String.valueOf(getRandomString(random.nextInt(RANDOM_STRS
                .length())));

    g.translate(random.nextInt(3), random.nextInt(3));

    g.drawString(rand, 24 * i + 4, random.nextInt(4) +21);
    return rand;
}

/**
 * 绘制干扰线
 */
private void drowLine(Graphics g) {
    int x = random.nextInt(width);
    int y = random.nextInt(height);
    int x0 = random.nextInt(62);
    int y0 = random.nextInt(52);
    g.setColor(getRandColor(30, 100));
```

```
                g. drawLine( x, y, x + x0, y + y0) ;
    }


    / **
     *  获取随机的字符
     */
    private String getRandomString( int num) {
        return String. valueOf( RANDOM_STRS. charAt( num) ) ;
    }


    public static void main( String[ ] args) {
        CaptchaUtils tool = new CaptchaUtils( ) ;
        StringBuffer code = new StringBuffer( ) ;
        BufferedImage image = tool. genRandomCodeImage( code) ;
        System. out. println( ">>> random code = : " + code) ;
        try {
            // 将内存中的图片通过流动形式输出到客户端
            ImageIO. write( image, "JPEG", new FileOutputStream( new File(
                    "random-code. jpg") ) ) ;
        } catch ( Exception e) {
            e. printStackTrace( ) ;
        }


    }
}
```

6. 4   日期工具类

日期工具类示例如下。

```
import java. text. ParseException;
import java. text. SimpleDateFormat;
import java. util. Date;
/ **
 *  日期格式化工具类
```

59

```
 * @ author
 *
 */
public class DateUtil {
    public static final String FULL = "yyyy-MM-dd HH:mm:ss";
    public static final String FULL_SPRIT = "yyyy/MM/dd HH:mm:ss";
    public static final String FULL_ZH_CN = "yyyy 年 MM 月 dd 日 HH:mm:ss";
    public static final String FULL_ZH_CN2 = "yyyy 年 MM 月 dd 日 HH 时 mm 分 ss 秒";

    public static final String FULL_NO_SECOND = "yyyy-MM-dd HH:mm";
    public static final String FULL_NO_SECOND_SPRIT = "yyyy/MM/dd HH:mm";
    public static final String FULL_NO_SECOND_ZH_CN = "yyyy 年 MM 月 dd 日 HH:mm";
    public static final String FULL_NO_SECOND_ZH_CN2 = "yyyy 年 MM 月 dd 日 HH 时 mm 分";

    public static final String YEAR = "yyyy-MM-dd";
    public static final String YEAR_SPRIT = "yyyy/MM/dd";
    public static final String YEAR_ZH_CN = "yyyy 年 MM 月 dd 日";

    public static final String TIME = "HH:mm:ss";
    public static final String TIME_ZH_CN = "HH 时 mm 分 ss 秒";
    public static final String NO_SECOND_C = "yyyy 年 MM 月 dd 日 HH:mm";

    /**
     * 日期对象转字符串
     * @ param date
     * @ param formartStr
     * @ return
     */
    public static String dateToString(Date date, String formartStr) {
        String strDate = null;

        if ((formartStr ! = null) && (!"".equals(formartStr))) {
            SimpleDateFormat sdf = new SimpleDateFormat(formartStr);
            strDate = sdf.format(date);
        }
        return strDate;
```

```
        }

        /**
         * 字符串转日期对象
         * @param strDate
         * @param formartStr
         * @return
         */
        public static Date stringToDate(String strDate, String formartStr) {
            Date date = null;
            if ((formartStr != null) && (!"".equals(formartStr))) {
                SimpleDateFormat sdf = new SimpleDateFormat(formartStr);
                try {
                    date = sdf.parse(strDate);
                } catch (ParseException e) {
                    date = null;
                    e.printStackTrace();
                }
            }
            return date;
        }
        /**
         * 当前日期字符串
         * @param formartStr
         * @return
         */
        public static String nowTime(String formartStr) {
            String strDate = null;
            if ((formartStr != null) && (!"".equals(formartStr))) {
                SimpleDateFormat sdf = new SimpleDateFormat(formartStr);
                strDate = sdf.format(new Date());
            }
            return strDate;
        }
        /**
         * 检测日期是否在今天
         * @param date
```

```
 * @return
 */
public static boolean checkDateInToday(Date date) {
    if (date == null) {
        return true;
    }
    boolean flag = false;
    Date now = new Date();

    String nowStr = dateToString(now, "yyyy-MM-dd");
    String dateStr = dateToString(date, "yyyy-MM-dd");

    if (! nowStr.equals(dateStr)) {
        flag = true;
    }

    return flag;
}

public static int getTimestamp() {
    String temp = String.valueOf(new Date().getTime() / 1000);
    return Integer.valueOf(temp);
}

public static void main(String[] args) {
    String mydate = dateToString(new Date(), "yyyy-MM-dd HH:mm:ss");

    Date date = stringToDate("2001-01-01 12:12:12", "yyyy-MM-dd HH:mm:ss");

    System.out.println(mydate);
    System.out.println(date);
    System.out.println(nowTime("yyyy年MM月dd日 HH时mm分ss秒"));
    System.out.println(getTimestamp());

    String temp = "MD5_20/10/20 123_456.txt";
    System.out.println(temp.substring(temp.lastIndexOf("_")+1));

}
}
```

6.5 十六进制转换工具类

十六进制转换工具类示例如下。

```
/**
 * 16 进制转换工具类
 * @ author
 *
 */
public class Hex {

    /**
     * 用于建立十六进制字符的输出的小写字符数组
     */
    private static final char[] DIGITS_LOWER = { '0', '1', '2', '3', '4', '5',
            '6', '7', '8', '9', 'a', 'b', 'c', 'd', 'e', 'f' };

    /**
     * 用于建立十六进制字符的输出的大写字符数组
     */
    private static final char[] DIGITS_UPPER = { '0', '1', '2', '3', '4', '5',
            '6', '7', '8', '9', 'A', 'B', 'C', 'D', 'E', 'F' };

    /**
     * 将字节数组转换为十六进制字符数组
     *
     * @ param data
     * byte[]
     * @ return 十六进制 char[]
     */
    public static char[] encodeHex(byte[] data) {
        return encodeHex(data, true);
    }

    /**
     * 将字节数组转换为十六进制字符数组
```

```
 *
 * @param data
 * byte[ ]
 * @param toLowerCase
 * <code>true</code> 传换成小写格式 , <code>false</code> 传换成大写格式
 * @return 十六进制 char[ ]
 */
public static char[ ] encodeHex(byte[ ] data, boolean toLowerCase) {
    return encodeHex(data, toLowerCase ? DIGITS_LOWER : DIGITS_UPPER);
}


/**
 * 将字节数组转换为十六进制字符数组
 *
 * @param data
 * byte[ ]
 * @param toDigits
 * 用于控制输出的 char[ ]
 * @return 十六进制 char[ ]
 */
protected static char[ ] encodeHex(byte[ ] data, char[ ] toDigits) {
    int l = data. length;
    char[ ] out = new char[l << 1];
    // two characters form the hex value.
    for (int i = 0, j = 0; i < l; i++) {
        out[j++] = toDigits[(0xF0 & data[i]) >>> 4];
        out[j++] = toDigits[0x0F & data[i]];
    }
    return out;
}

/**
 * 将字节数组转换为十六进制字符串
 *
 * @param data
 * byte[ ]
 * @return 十六进制 String
```

```
    */
    public static String encodeHexStr(byte[] data) {
        return encodeHexStr(data, true);
    }


    /**
     * 将字节数组转换为十六进制字符串
     *
     * @param data
     * byte[]
     * @param toLowerCase
     * <code>true</code> 传换成小写格式，<code>false</code> 传换成大写格式
     * @return 十六进制 String
     */
    public static String encodeHexStr(byte[] data, boolean toLowerCase) {
        return encodeHexStr(data, toLowerCase ? DIGITS_LOWER : DIGITS_UPPER);
    }


    /**
     * 将字节数组转换为十六进制字符串
     *
     * @param data
     * byte[]
     * @param toDigits
     * 用于控制输出的 char[]
     * @return 十六进制 String
     */
    protected static String encodeHexStr(byte[] data, char[] toDigits) {
        return new String(encodeHex(data, toDigits));
    }


    /**
     * 将十六进制字符数组转换为字节数组
     *
     * @param data
     * 十六进制 char[]
     * @return byte[]
```

```
 * @ throws RuntimeException
 * 如果源十六进制字符数组是一个奇怪的长度,将抛出运行时异常
 */
public static byte[ ] decodeHex( char[ ] data) {

    int len = data. length;

    if ( ( len & 0x01) ! = 0) {
        throw new RuntimeException( "Odd number of characters. " ) ;
    }

    byte[ ] out = new byte[ len >> 1 ] ;

    // two characters form the hex value.
    for ( int i = 0, j = 0; j < len; i++) {
        int f = toDigit( data[ j] , j) << 4;
        j++;
        f = f | toDigit( data[ j] , j) ;
        j++;
        out[ i] = ( byte) ( f & 0xFF) ;
    }

    return out;
}

/ **
 * 将十六进制字符转换成一个整数
 *
 * @ param ch
 * 十六进制 char
 * @ param index
 * 十六进制字符在字符数组中的位置
 * @ return 一个整数
 * @ throws RuntimeException
 * 当 ch 不是一个合法的十六进制字符时,抛出运行时异常
 */
protected static int toDigit( char ch, int index) {
```

```
            int digit = Character. digit(ch, 16);
            if (digit == -1) {
                throw new RuntimeException("Illegal hexadecimal character " + ch
                        + " at index " + index);
            }
            return digit;
        }


    public static void main(String[] args) {
        String srcStr = "待转换字符串";
        String encodeStr = encodeHexStr(srcStr. getBytes());
        String decodeStr = new String(decodeHex(encodeStr. toCharArray()));
        System. out. println("转换前:" + srcStr);
        System. out. println("转换后:" + encodeStr);
        System. out. println("还原后:" + decodeStr);
    }

}
```

6.6　地理坐标工具类

地理坐标工具类示例如下。

```
import java. util. HashMap;
import java. util. Map;

/**
 * 地理坐标操作
 *
 * @ author
 * @ version 1. 0
 *
 */
public class MapDistance {
```

```java
    private static double EARTH_RADIUS = 6378.137;

    private static double rad(double d) {
        return d * Math.PI / 180.0;
    }

    /**
     * 根据两个位置的经纬度,来计算两地的距离(单位为 M)
     * 参数为 String 类型
     * @param lat1 用户经度
     * @param lng1 用户纬度
     * @param lat2 商家经度
     * @param lng2 商家纬度
     * @return
     */
    public static double getDistance(String lat1Str, String lng1Str, String lat2Str, String lng2Str) {
        Double lat1 = Double.parseDouble(lat1Str);
        Double lng1 = Double.parseDouble(lng1Str);
        Double lat2 = Double.parseDouble(lat2Str);
        Double lng2 = Double.parseDouble(lng2Str);

        double radLat1 = rad(lat1);
        double radLat2 = rad(lat2);
        double difference = radLat1 - radLat2;
        double mdifference = rad(lng1) - rad(lng2);
        double distance = 2 * Math.asin(Math.sqrt(Math.pow(Math.sin(difference/2), 2)
                + Math.cos(radLat1) * Math.cos(radLat2)
                * Math.pow(Math.sin(mdifference / 2), 2)));
        distance = distance * EARTH_RADIUS;
        distance = Math.round(distance * 10000) / 10; ///10000 KM
        return distance;
//        String distanceStr = distance+"";
//        distanceStr = distanceStr.
//            substring(0, distanceStr.indexOf("."));
//
```

```
//        return distanceStr;
    }

    / **
     * 获取当前用户一定距离以内的经纬度值
     * 单位米 return minLat
     * 最小经度 minLng
     * 最小纬度 maxLat
     * 最大经度 maxLng
     * 最大纬度 minLat
     * /
    @SuppressWarnings( { "rawtypes", "unchecked" } )
    public static Map getAround( String latStr, String lngStr, String raidus) {
        Map map = new HashMap( );

        Double latitude = Double. parseDouble( latStr) ;// 传值给经度
        Double longitude = Double. parseDouble( lngStr) ;// 传值给纬度

        Double degree = ( 24901 * 1609) / 360. 0; // 获取每度
        double raidusMile = Double. parseDouble( raidus) ;

        Double mpdLng = Double. parseDouble( ( ( degree * Math. cos( latitude * ( Math. PI /
180) ) +"" ). replace( "-", "" ) );
        Double dpmLng = 1 / mpdLng;
        Double radiusLng = dpmLng * raidusMile;
        //获取最小经度
        Double minLat = longitude - radiusLng;
        // 获取最大经度
        Double maxLat = longitude + radiusLng;

        Double dpmLat = 1 / degree;
        Double radiusLat = dpmLat * raidusMile;
        // 获取最小纬度
        Double minLng = latitude - radiusLat;
        // 获取最大纬度
        Double maxLng = latitude + radiusLat;
```

```
        map. put("minLat", minLat+"");
        map. put("maxLat", maxLat+"");
        map. put("minLng", minLng+"");
        map. put("maxLng", maxLng+"");

        return map;
    }

    public static void main(String[] args) {
        //测试经纬度:117. 11811   36. 68484
        //测试经纬度 2:117. 00999000000002   36. 66123
        // 22. 298745322042812,114. 16805773973465
        // 22. 565382, 113. 868643
        // 22. 572916, 113. 868174
        // 22. 576546, 113. 868987
    System. out. println (getDistance ("22. 565382","113. 868643","22. 565382","113.
868643"));
    System. out. println (getDistance ("22. 565382","113. 868643","22. 572916","113.
868174"));
    System. out. println (getDistance ("22. 565382","113. 868643","22. 576546","113.
868987"));

    System. out. println (getDistance ("22. 57091198666273","113. 86914163827896","22.
573877","113. 864378"));
    System. out. println (getDistance ("22. 57091198666273","113. 86914163827896","22.
573884","113. 864390"));
    System. out. println (getDistance ("22. 570911","113. 869141","22. 573850","113.
864439"));

//      System. out. println(getDistance("22. 298745322042812","114. 16805773973465","
22.298745322042812","114. 16805773973465"));

//      System. out. println(getAround("117. 11811", "36. 68484", "13000"));
        //117. 01028712333508(Double), 117. 22593287666493(Double),
        //36. 44829619896034(Double), 36. 92138380103966(Double)


    }
}
```

6.7 MD5 加密工具类

MD5 加密工具类示例如下。

```
import org.apache.shiro.crypto.hash.Md5Hash;

/**
 * MD5 加密工具类
 * @author
 *
 */
public class MD5 {

    /**
     * 使用指定 SALT 加密原始字符串
     * @param saw 原始字符串
     * @param salt 加密盐
     * @return 加密后的字符串
     */
    public static String getMd5(String saw, String salt) {
        return new Md5Hash(saw, salt).toHex();
    }
    /**
     * 使用指定 SALT 加密原始字符串
     * @param saw 原始字符串
     * @param salt 加密盐
     * @return 加密后的字符串
     */
    public static String getMd5(char[] saw, String salt) {
        return new Md5Hash(saw, salt).toHex();
    }

    public static void main(String[] args) {
        System.out.println(MD5.getMd5("123456", "admin".toLowerCase()));
        System.out.println(MD5.getMd5("111111", "jay".toLowerCase()));
        System.out.println(MD5.getMd5("111111", "hr".toLowerCase()));
```

```
                System. out. println( MD5. getMd5( "111111" , "manager". toLowerCase( ) ) );
                System. out. println( MD5. getMd5( "demo" , "demo". toLowerCase( ) ) );
        }


//private static MessageDigestPasswordEncoder mdpe = new MessageDigestPasswordEncoder(
//          "MD5" );
//
//    private static final String SALT = "salt"; //加密盐
//
//    / **
//     *    使用默认 SALT 加密原始字符串
//     * @ param saw 原始字符串
//     * @ return 加密后的字符串
//     * /
//    public static String getMd5( String saw ) {
//          return mdpe. encodePassword( saw , SALT );
//    }
}
```

6.8　RSA 加密、解密工具类

RSA 加密、解密工具类示例如下。

```
import java. security. Key;
import java. security. KeyFactory;
import java. security. KeyPair;
import java. security. KeyPairGenerator;
import java. security. PrivateKey;
import java. security. PublicKey;
import java. security. spec. PKCS8EncodedKeySpec;
import java. security. spec. X509EncodedKeySpec;

import javax. crypto. Cipher;

import com. thoughtworks. xstream. core. util. Base64Encoder;
```

```
/ **
 *  RSA
 *  @ author
 *
 * /
public class RSAHelper {

    / **
     * 得到公钥
     * @ param key 密钥字符串(经过 base64 编码)
     * @ throws Exception
     * /
    public static PublicKey getPublicKey(String key) throws Exception {
        byte[] keyBytes;

        keyBytes = new Base64Encoder().decode(key);

        X509EncodedKeySpec keySpec = new X509EncodedKeySpec(keyBytes);
        KeyFactory keyFactory = KeyFactory.getInstance("RSA");
        PublicKey publicKey = keyFactory.generatePublic(keySpec);
        return publicKey;
    }
    / **
     * 得到私钥
     * @ param key 密钥字符串(经过 base64 编码)
     * @ throws Exception
     * /
    public static PrivateKey getPrivateKey(String key) throws Exception {
        byte[] keyBytes;
        keyBytes = new Base64Encoder().decode(key);

        PKCS8EncodedKeySpec keySpec = new PKCS8EncodedKeySpec(keyBytes);
        KeyFactory keyFactory = KeyFactory.getInstance("RSA");
        PrivateKey privateKey = keyFactory.generatePrivate(keySpec);
        return privateKey;
    }
```

```java
/**
 * 得到密钥字符串(经过 base64 编码)
 * @return
 */
public static String getKeyString(Key key) throws Exception {
    byte[] keyBytes = key.getEncoded();
    String s = new Base64Encoder().encode(keyBytes);
    return s;
}


public static void main(String[] args) throws Exception {

    KeyPairGenerator keyPairGen = KeyPairGenerator.getInstance("RSA");
    //密钥位数
    keyPairGen.initialize(1024);
    //密钥对
    KeyPair keyPair = keyPairGen.generateKeyPair();

    // 公钥
    PublicKey publicKey = keyPair.getPublic();

    // 私钥
    PrivateKey privateKey = keyPair.getPrivate();

    String publicKeyString = getKeyString(publicKey);
    System.out.println("public:\n" + publicKeyString);

    String privateKeyString = getKeyString(privateKey);
    System.out.println("private:\n" + privateKeyString);

    //加解密类
    Cipher cipher = Cipher.getInstance("RSA");//Cipher.getInstance("RSA/ECB/PKCS1Padding");

    //明文
```

74

```
        byte[] plainText = "我们都很好! 邮件:@ sina. com". getBytes();

        //加密
        cipher. init( Cipher. ENCRYPT_MODE, publicKey);
    byte[] enBytes = cipher. doFinal( plainText);
    System. out. println( "#" +new String( enBytes));

//通过密钥字符串得到密钥
        publicKey = getPublicKey( publicKeyString);
        privateKey = getPrivateKey( privateKeyString);

        //解密
        cipher. init( Cipher. DECRYPT_MODE, privateKey);
    byte[]deBytes = cipher. doFinal( enBytes);

        publicKeyString = getKeyString( publicKey);
        System. out. println( "public:\n" +publicKeyString);

        privateKeyString = getKeyString( privateKey);
        System. out. println( "private:\n" + privateKeyString);

        String s = new String( deBytes);
        System. out. println( s);
    }
}
```

6.9 序列化工具类

序列化工具类示例如下。

```
import java. io. ByteArrayInputStream;
import java. io. ByteArrayOutputStream;
import java. io. ObjectInputStream;
import java. io. ObjectOutputStream;
```

```java
public class SerializeUtil {
    public static byte[] serialize(Object object) {
        if(object == null) {
            return null;
        }

        ObjectOutputStream oos = null;
        ByteArrayOutputStream baos = null;
        try {
            // 序列化
            baos = new ByteArrayOutputStream();
            oos = new ObjectOutputStream(baos);
            oos.writeObject(object);
            byte[] bytes = baos.toByteArray();
            return bytes;
        } catch (Exception e) {

        }
        return null;
    }

    public static Object unserialize(byte[] bytes) {
        if(bytes == null) {
            return null;
        }
        ByteArrayInputStream bais = null;
        try {
            // 反序列化
            bais = new ByteArrayInputStream(bytes);
            ObjectInputStream ois = new ObjectInputStream(bais);
            return ois.readObject();
        } catch (Exception e) {

        }
        return null;
    }
}
```

6.10 Spring 工具类

Spring 工具类示例如下。

```
import org.springframework.context.ApplicationContext;
import org.springframework.context.support.ClassPathXmlApplicationContext;

/**
 * Spring 工具类
 * @author
 *
 */
@SuppressWarnings("unchecked")
public class SpringUtil {
    static ApplicationContext ac = new ClassPathXmlApplicationContext("spring/ApplicationContext.xml");

    public static <T> T getBean(String name) {
        return (T) ac.getBean(name);
    }

}
```

6.11 服务器返回状态码工具类

服务器返回状态码工具类示例如下。

```
/**
 * 服务器端返回状态码列表,作为 JSON 输出信息时 statusCode 属性的可选值
 *
 * @author
 * @version 1.0
 *
 */
public class StatusCode {
```

```
    /*
     * Ajax 请求响应信息 <br/>
     *   {   <br/>
     *   statusCode：响应状态码；  <br/>
     *   msg：响应消息；   <br/>
     *   callback：closeFn，<br/>
     *   locationUrl：<br/>
     *   }  <br/>
     */
    public static final int OK = 200; // 操作正常
    public static final int ERROR = 300; // 操作失败
    public static final int TIMEOUT = 301; // 用户超时
    public static final int NO_PERMISSSION = 401; // 权限不足
}
```

6.12 字符串工具类

字符串工具类示例如下。

```
import java. util. regex. Matcher;
import java. util. regex. Pattern;


public class StringUtils {
    //SQL 防注入过滤字符,多个过滤字符用#分隔
    public static final String FILTER_SQL_INJECT = "'#and#exec#insert#select#delete# #
update#count# * #%#chr#mid#master#truncate#char#declare#;#or#-#+#,";
    public static final String[ ] INJECT_STRING_ARRAY = FILTER_SQL_INJECT. split( "#");
    //SQL 防注入过滤数组

    /**
     * 过滤文本中的特殊字符,只保留字符串和数字
     * @ param str 要过滤的字符串
     * @ return 过滤后的结果
     */
```

```java
public static String onlyLetterAndDigital(String str) {
    String regEx = "['~!@#$%^&*()+=|{}':;',//[//].<>/? ~!@#￥%……&
*()——+|{}【】';:""''。、?]";
    Pattern p = Pattern.compile(regEx);
    Matcher m = p.matcher(str);
    return m.replaceAll("").trim();
}


/**
 * 过滤 SQL 条件中的非法字符,防注入
 * @param condition SQL 拼接条件和参数
 * @return 过滤后的结果
 */
public static String filterSQLCondition(String condition) {
    if(condition == null || condition.equals("")) {
        return "";
    }
    for(String s:INJECT_STRING_ARRAY) {
        condition = condition.replace(s, "");
    }
    return condition;
}


/**
 * 安全的从字符串中截取指定长度的开始内容
 * @param content 内容
 * @param length 截取的长度
 * @return 截取并追加的结果
 */
public static String subStart(String str, int length) {
    if(str.length() > length) {
        return str.substring(0, length);
    }
    return str;
}
/**
 * 安全的从字符串中按照索引截取指定长度内容
```

```
        @ param str
        @ param startIndex
        @ param endIndex
        @ return
    /
    public static String substring(String str, int startIndex, int endIndex) {
        startIndex = startIndex<0? 0:startIndex;
        endIndex = endIndex>str.length()? str.length():endIndex;
        if(startIndex<endIndex) {
            return "";
        }
        return str.substring(startIndex, endIndex);
    }
    /**
     * 安全的从字符串中按照索引截取指定长度内容
     * @ param str
     * @ param startIndex
     * @ param endIndex
     * @ return
     */
    public static String substr(String str, int startIndex, int length) {
        return substring(str, startIndex, startIndex+length);
    }
    /**
     * 判断字符串是否不为空或 null
     * @ param str 字符串对象
     * @ return 是否不为空
     */
    public static boolean isNotNullAndEmpty(Object str) {
        return str! = null&&(! str.toString().trim().equals(""));
    }
}
```

6.13 校验工具类

校验工具类示例如下。

```
import java. util. Set;
import java. util. regex. Matcher;
import java. util. regex. Pattern;

import javax. validation. ConstraintViolation;
import javax. validation. Validation;
import javax. validation. Validator;
import javax. validation. ValidatorFactory;

public class ValidatorUtils {
    static Validator validator;
    static {
        ValidatorFactory factory = Validation. buildDefaultValidatorFactory();
        validator = factory. getValidator();
    }

    / **
     * 根据实体上的注解校验实体
     *
     * @ param t
     * @ return
     * /
    public static <T> String validate( T t) {

        Set<ConstraintViolation<T>> constraintViolations = validator
                . validate( t);
        String validateError = "";
        if ( constraintViolations. size() > 0) {
            for ( ConstraintViolation<T> constraintViolation : constraintViolations) {
                validateError = constraintViolation. getMessage();
                break;
            }
        }
        return validateError;
    }

    / **
```

```
     * 判断是否电话号码
     *
     * @param mobiles
     * @return
     */
    public static boolean isMobileNO(String mobiles) {
        boolean flag = false;
        try {
            Pattern p = Pattern.compile("^[1][3,4,5,7,8][0-9]{9}$");
            Matcher m = p.matcher(mobiles);
            flag = m.matches();
        } catch (Exception e) {
            flag = false;
        }
        return flag;
    }


    /**
     * 判断是否纯数字
     *
     * @param s
     * @return
     */
    public final static boolean isNumeric(String s) {
        if (s != null && !"".equals(s.trim()))
            return s.matches("^[0-9]*$");
        else
            return false;
    }
}
```

6.14 XML 工具类

XML 工具类示例如下。

```java
import com.thoughtworks.xstream.XStream;
import com.thoughtworks.xstream.io.xml.DomDriver;

/**
 * 通过 XStream 进行 xml 与 java Bean 的转换
 */
public class XmlUtil {

    private static final String header = "<?xml version=\"1.0\" encoding=\"UTF-8\"?>";

    /**
     * java bean 转化为 xml
     *
     * @param object
     * @param objClass
     * @return
     */
    public static String parseBeanToXml(Object object, Class<?> objClass) {
        String xmlString = "";
        XStream xStream = new XStream(new DomDriver());
        xStream.processAnnotations(objClass);
        xmlString = xStream.toXML(object);
        xmlString = header + xmlString;
        return xmlString;
    }

    public static Object fromXml(String xml, Class<?> objClass) {
        XStream xStream = new XStream();
        xStream.processAnnotations(objClass);
        return xStream.fromXML(xml);
    }
}
```

7. 模 块 设 计

7.1 登录模块设计

7.1.1 用户设计

密码保存需要做不可逆加密。即密码不能明文保存且即使是内部技术人员也无法得到真实密码，常见的加密方法有 MD5，SHA 系列算法，如果对加密算法不太了解的可以移步这里。

密码强度限制。不允许使用弱口令，比如跟用户生日相等。

手机、邮箱验证。方便后续找回密码。

7.1.2 用户登录

使用验证码，增加暴力破解的成本。

登录错误次数限制，一定时间后自动解锁，彻底堵死暴力破解。

关键 cookie 设置 HTTPOnly 属性，防止 xss 盗取用户 cookie。

保证密码在网络传输中的安全。启用 HTTPS，或使用 RAS 加密。请求登录界面时，生成公钥与私钥，私钥放在服务器端，密码传输前，使用公钥加密，服务器端收到密文后使用私钥解密密文得到用户输入的真实密码。

集群状态下，采用 session 共享的方式实现 SSO 时，在 session 上记录的登录状态信息需要可序列化。

页面跳转时使用服务器端跳转，request. getRequestDispatcher( ). forward( )。尽量不要使用 response. sendRedirect( )，因为每次 redirect 都会触发客户端 304，重新再次发起一次 HTTP 请求。

7.1.3 记住密码

可以考虑这样去实现记住密码功能：cookie 中需要保存如下 3 个值：

（1）username：用户的登录名；

（2）token：使用公钥加密过的用户密码；

（3）sequence：登录序列（防重放攻击。如果自动登录的该字段与服务器的不相符时，则证明用户在其他地方登录过。）

当勾选记住密码登录时，在服务器端保存当前的私钥，生成一个随机的登录序列

（UUID）保存起来。同时，把用户名、登录传输过来的已经用公钥加密的密文、新生成的 sequence 保存到 cookie 中。下次用户请求登录页面时，从 cookie 中取得用户名放到用户名的输入框中，任意字符串放到密码框中，继续勾选记住密码框。这个时候只需要输入验证码即可点击登录按钮。服务器端，判断出本次登录是记住密码登录，首先验证 cookie 中的 sequence 是否跟服务保存的一致，如果不一致，则登录失败。一致时，取出私钥解密从 cookie 中拿到的 token，得到真实密码，接着按照常规登录流程完成登录验证。

7.1.4 密码变更

修改密码需要提供原始密码。

相关信息在网络传输中需保证加密传输。

找回密码功能可以考虑使用手机验证码、邮件链接实现。另外，还可考虑提供用户在本系统中的留痕供用户选择（比如什么时候注册、最近做了什么操作等），从而识别出真正的用户。

7.1.5 日志记录

记录用户的登录日志。可记录下登录时间、退出时间、IP 等信息，分析过往日志，甄别出异常登录并提醒用户。

记录用户登录失败日志。限制登录失败重试次数，防止暴力破解。

7.1.6 服务器相关

有时应用的安全部分做得再好，也抵不住服务器直接被攻破，所以运行应用的服务器的安全也需要特别注意。

(1)服务器访问日志(建议开启)；

(2)可疑用户；

(3)可疑进程；

(4)可疑服务；

(5)操作系统日志(日志最大大小) 定期备份。

7.1.7 代码部分

登录模块代码部分示例如下。

```
/**
 * 自定义用户名密码加密 Token
 * - 继承 EasyUsernamePasswordEndcodeToken,实现密码加密
 *
 * @author
 * @since
 */
```

```
public class UsernamePasswordEncodeToken extends EasyUsernamePasswordEndcodeToken{

        /**
         *
         */
        private static final long serialVersionUID = 1L;

    /* -------------------------------------------
    | UsernamePasswordToken 令牌内置属性      |
    =================================================== */

//    private String username;
//    private char[] password;
//    private boolean rememberMe = false;
//    private String host;

    /* -------------------------------------------
    | 数据库用户列信息,相关属性 由 EasyJdbcRealm 在登录认证时,从数据库查询并初始
化 |
    =================================================== */
    // TODO 数据库列信息
    private Integer userId;
    private String name;
    private String realName;
    /**
     * 用户状态:0 启用;1 禁用;2 删除
     */
    private Integer status;



    @Override
    public String encodePassword(){
        String pwd = MD5.getMd5(super.getPassword(),getName().toLowerCase());
        return pwd;
    }

    public Integer getUserId(){
```

```java
        return userId;
    }

    public void setUserId(Integer userId) {
        this. userId = userId;
    }

    public String getName() {
        return name;
    }

    public void setName(String name) {
        this. name = name;
    }

    public String getRealName() {
        return realName;
    }

    public void setRealName(String realName) {
        this. realName = realName;
    }

    public Integer getStatus()
    {
        return status;
    }

    public void setStatus(Integer status)
    {
        this. status = status;
    }
}
```

权限管理配置文件 shiro_ ehcache. xml:

```xml
<? xml version="1.0" encoding="UTF-8"? >
<beans xmlns="http://www.springframework.org/schema/beans"
    xmlns:xsi="http://www.w3.org/2001/XMLSchema-instance"
    xmlns:p="http://www.springframework.org/schema/p"
    xsi:schemaLocation="http://www.springframework.org/schema/beans http://www.
springframework.org/schema/beans/spring-beans.xsd">

    <! -- Session 过期验证移除 -->
    <bean id="sessionValidationScheduler" class="org.apache.shiro.session.mgt.Executor
ServiceSessionValidationScheduler">
        <! -- Default is 3,600,000 millis = 1 hour -->
        <property name="interval" value="3600000"></property>
    </bean>

    <! -- Session DAO -->
    <bean id="sessionDAO"
    class="org.apache.shiro.session.mgt.eis.EnterpriseCacheSessionDAO">
        <! -- This name matches a cache name in ehcache.xml -->
        <! -- <property name="activeSessionsCacheName" value="shiro-active Sessions
Cache"></property> -->
    </bean>

    <! -- Session Manager -->
    <bean id="sessionManager"
    class="org.apache.shiro.web.session.mgt.DefaultWeb SessionManager">
        <! -- Session Timeout：3,600,000 milliseconds = 1 hour-->
        <property name="globalSessionTimeout" value="3600000"></property>
        <property name="sessionValidationScheduler"
        ref="sessionValidationScheduler"></property>
        <property name="sessionValidationSchedulerEnabled"
        value="true"></property>
        <property name="sessionDAO" ref="sessionDAO"></property>
    </bean>

    <! -- Cache：EhCache-->
    <bean id="ehCacheManager"
    class="org.springframework.cache.ehcache.EhCacheManagerFactoryBean">
        <property name="configLocation" value="classpath:/ehcache.xml" />
```

```xml
        <property name="shared" value="true" />
    </bean>
    <!-- <bean id="cacheManager"
    class="org.springframework.cache.ehcache.EhCache CacheManager">
        <property name="cacheManager" ref="ehCacheManager" />
    </bean> -->
    <bean id="shiroCacheManager"
    class="org.apache.shiro.cache.ehcache.EhCache Manager">
        <property name="cacheManager" ref="ehCacheManager" />
    </bean>


    <!-- RememberMeManager -->
    <bean id="cookie" class="org.apache.shiro.web.servlet.SimpleCookie">
        <!-- cookie name   -->
        <property name="name" value="rememberMe"></property>
        <!--   default is /request.getContextPath() -->
        <property name="path" value="/"></property>
        <!-- default is ONE_YEAR -->
        <property name="maxAge" value="31536000"></property>
    </bean>
    <bean id="rememberMeManager"
    class="org.apache.shiro.web.mgt.CookieRemember MeManager">
        <property name="cookie" ref="cookie"></property>
    </bean>


    <!-- EasyJdbcRealm -->
    <bean id="jdbcRealm" class="cn.EasyJdbcRealm">
        <property name="dataSource" ref="dataSource"></property>
        <!-- 认证信息查询语句; default: select * from users where username = ? -->
        <!-- 用户状态:0 启用; 1 禁用; 2 删除 -->
        <property name="authenticationQuery" value="select user_id as userid, name,
password, status, real_name as realname from sys_user where name=? and status in(0,1)"></property>
        <!-- 密码列列名; default: password -->
        <property name="passwordColumn" value="password"></property>
        <!-- 角色查询语句(支持多个 username=?); default: select role_name from user_
roles where username =? -->
```

```xml
    <property name="userRolesQuery" value="select name from sys_role where role_id in
(select role_id from sys_user_role where user_id=(select user_id from sys_user where
name=?)) and status=0"></property>
    <!-- 是否执行 permissionsQuery 权限查询；default：true -->
    <property name="permissionsLookupEnabled" value="true"></property>
    <!-- 权限查询语句(支持多个 username=?)；default：select permission from user_
roles_permissions where username=?"   -->
    <property name="permissionsQuery" value="select action from sys_menu where
MENU_PERMISSION_ID in( select MENU_PERMISSION_ID from sys_role_menu where ROLE_
ID in(select role_id from sys_user_role where user_id=(select user_id from sys_user where
name=?))) UNION select action from sys_operation where OPERATION_PERMISSION_ID in
(select OPERATION_PERMISSION_ID from sys_role_operation where ROLE_ID in(select role_
id from sys_user_role where user_id=(select user_id from sys_user where name=?)))"></
property>
    <!-- EasyJdbcRealm 拦截器,可以认证和授权信息获得后,对 SimpleAuthenticationInfo
认证和 SimpleAuthorizationInfo 授权信息进行额外处理 -->
    <property name="interceptor" ref="realmInterceptor"></property>

</bean>

<!-- EasyShiro 自定义认证处理拦截器 -->
<!-- EasyFormAuthenticationFilter 认证成功或失败拦截器 -->
<bean id="authenticationInterceptor" class="cn.
sm.sys.shiro.AuthenticationInterceptor"> </bean>
<!-- EasyJdbcRealm 认证与授权信息处理拦截器 -->
<bean id="realmInterceptor" class="cn. sm.sys.shiro.RealmInterceptor"> </bean>

<!-- auth Login Authentication -->
<bean id="auth" class="cn.EasyFormAuthenticationFilter">

    <!-- ###### FormAuthenticationFilter Configuration ##### -->
    <!-- when request method is post execute login, else to login page view -->
    <property name="loginUrl" value="/toLogin"></property>
    <!-- redirect after successful login -->
    <property name="successUrl" value="/toMain"></property>
    <!-- name of request parameter with username; if not present filter assumes 'username'
-->
```

```xml
<property name="usernameParam" value="name"></property>
<!-- name of request parameter with password; if not present filter assumes 'password'
-->
<property name="passwordParam" value="password"></property>
<!-- does the user wish to be remembered?; if not present filter assumes 'remember
Me' -->
<property name="rememberMeParam"
value="rememberMe"></property>


<!-- ###### EasyFormAuthenticationFilter Configuration ##### -->
<!-- ## Login Configuration ## -->
<!-- 登录成功,将 token 存入 session 的 key; default is 'TOKEN' -->
<property name="sessionTokenKey" value="TOKEN"></property>
<!-- 是否使用登录失败以重定向方式跳转回登录页面; default is 'false' -->
<property name="loginFailureRedirectToLogin" value="true"></property>

<!-- ## User defined UsernamePasswordToken Configuration ## -->
<!-- 自定义 UsernamePasswordToken; Default is 'org.apache.shiro.auth.Username
PasswordToken' -->
<property name="tokenClassName" value="cn.sm.sys.shiro.UsernamePassword
EncodeToken"></property>

<!-- ## CAPTCHA Configuration ## -->
<!-- 是否开启验证码验证; default 'true' -->
<property name="enableCaptcha" value="false"></property>
<!-- 验证码参数名; default 'captcha' -->
<property name="captchaParam" value="captcha"></property>
<!-- Session 中存储验证码值的 key; default 'captcha' -->
<property name="sessionCaptchaKey" value="rand"></property>

<!-- ## AutoLogin Configuration ## -->
<!-- 是否开启自动登录 -->
<property name="enableAutoLogin" value="false"></property>
<!-- 自动登录参数数名 -->
<property name="autoLoginParam" value="autoLogin"></property>
<!-- Cookie maxAge, default is ONE_YEAR -->
<property name="autoLoginMaxAge" value="31536000"></property>
<!-- Cookie path, default is "" -->
```

```xml
<property name="autoLoginPath" value="/"></property>
<!-- Cookie domain, empty or default is your current domain name -->
<property name="autoLoginDomain" value=""></property>


<!-- ## LockLogin EhCache Configuration ## -->
<!-- LockLogin 管理锁定时间周期的 EHCache 缓存名称,只需调整 timeToIdle
Seconds -->
<!-- 达到登录锁定次数,登录锁定  2 Hours -->
<!--
<cache name="shiro-lockLoginCache"
maxElementsInMemory="100000"
overflowToDisk="true"
eternal="false"
timeToLiveSeconds="0"
timeToIdleSeconds="7200"
diskPersistent="false"
diskExpiryThreadIntervalSeconds="600"/>
-->
<!-- LockLogin 统计登录错误次数时间周期的 EHCache 缓存名称,只需调整 time
ToIdleSeconds -->
<!-- 统计 10 分钟内的错误次数   -->
<!-- <cache name="shiro-lockCheckCache"
maxElementsInMemory="100000"
overflowToDisk="true"
eternal="false"
timeToLiveSeconds="0"
timeToIdleSeconds="600"
diskPersistent="false"
diskExpiryThreadIntervalSeconds="600"/> -->


<!-- 是否开启 LockLogin 用户登录锁定;默认为 false,不开启 -->
<property name="enableLockLogin" value="false"></property>
<!-- Shiro CacheManager -->
<property name="ehCacheManager" ref="shiroCacheManager"></property>
<!-- LockLogin 管理锁定时间周期的 EHCache 缓存名称;默认为 shiro-lockLogin
Cache -->
<property name="lockLoginCacheName"
value="shiro-lockLoginCache"></property>
```

```
    <! -- LockLogin 统计登录错误次数时间周期的 EHCache 缓存名称;默认为 shiro-
lockCheckCache -->
        <property name = "lockCheckCacheName"
        value = "shiro-lockCheckCache"></property>
        <! -- 同一用户名登录达到登录错误次数,登录锁定;0 为不限制;默认为 6 -->
        <property name = "userLock" value = "4"></property>
        <! --  同一 IP 登录达到错误次数,登录锁定;0 为不限制;默认为 15 -->
        <property name = "ipLock" value = "6"></property>
        <! -- 达到指定登录错误次数,显示验证码;-1 为不控制验证码显示;默认为 1 -->
        <property name = "showCaptcha" value = "4"></property>


        <! -- ## 登录失败相关错误消息 ## -->
        <! -- 登录失败,消息 key  -->
        <property name = "msgKey" value = "MSG"></property>
         <! -- 将消息存入 session, session. setAttribute ( MsgKey, xxxErrorMsg); default is
'false' -->
        <property name = "sessionMsg" value = "true"></property>
         <! -- 将消息存入 request, request. setAttribute ( MsgKey, xxxErrorMsg); default is
'false' -->
        <property name = "requestMsg" value = "true"></property>
        <! -- # 登录错误的,异常提示内容 Map-->
        <property name = "exceptionMsg">
            <map>
                <! -- ExceptionClassName: "Message",
                ExceptionClassName2: "Message2", ... -->
                <entry key = "LockedAccountException" value = "账户锁定,请联系管理员
解锁。"></entry>


                <entry key = "AuthenticationException" value = "用户名或密码有误!"></
entry>


                <entry key = "EasyIncorrectCaptchaException" value = "验证码有误!"></
entry>

                <entry key = "EasyLockUserException" value = "由于该用户连续登录错误,
暂时被锁定 2 小时,请稍后再试。"></entry>
                <entry key = "EasyLockIPException" value = "由于该 IP 连续登录错误,暂
时被锁定 2 小时,请稍后再试。"></entry>
            </map>
```

```
        </property>

        <! -- 自定义拦截器,实现 EasyAuthenticationInterceptor 接口 -->
        <property name = "interceptor"
        ref = "authenticationInterceptor" ></property>
    </bean>


    <! -- specify LogoutFilter -->
    <! -- 能够实现会话安全信息(Subjec/Session),RememberMe 信息和 AutoLogin 自动登
录信息的注销 -->
    <bean id = "logout"  class = "cn.EasyLogoutFilter" >
        <! -- specify logout redirectUrl -->
        <property name = "redirectUrl"  value = "/toLogin" ></property>
        <! -- EasyFormAuthenticationFilter -->
        <property name = "easyFormAuthenticationFilter"  ref = "auth" ></property>
    </bean>


    <! -- perms -->
    <bean id = "perms"  class = "cn.EasyURLPermissionFilter" >
        <! -- 权限验证失败,转向的 url -->
        <property name = "unauthorizedUrl"  value = "/toLogin" ></property>
        <! -- 是否开启登录超时检测; default is 'true'-->
        <property name = "authenticationTimeoutCheck"  value = "true" ></property>
        <! -- 权限验证失败,消息 key; default is 'MSG'  -->
        <property name = "msgKey"  value = "msg" ></property>
        <! -- 权限验证失败,状态码 key:301,登录超时; 401,权限拒绝; default is
'statusCode'  -->
        <property name = "statusCode"  value = "statusCode" ></property>
        <! -- 将消息存入 session, session. setAttribute ( MsgKey, xxxErrorMsg); default is
'false' -->
        <property name = "sessionMsg"  value = "true" ></property>
        <! -- 将消息存入 request, request. setAttribute ( MsgKey, xxxErrorMsg); default is
'false' -->
        <property name = "requestMsg"  value = "true" ></property>
        <! -- 认证失败提示内容;  default is 'Permission denied! ' -->
        <property name = "permissionDeniedMsg"  value = "您没有权限" ></property>
        <! --登录超时提示内容; default is 'Your login has expired, please login again! ' -->
```

```
        <property name="authenticationTimeoutMsg" value="您的登录已过期,请重新登
录!"></property>
    </bean>


    <!-- Shiro Native SessionManager -->
    <bean id="securityManager"
class="org.apache.shiro.web.mgt.DefaultWebSecurityManager">
        <!-- <property name="sessionMode" value="native"></property> -->
        <property name="sessionManager" ref="sessionManager"></property>
        <!-- Cache: EhCache-->
        <property name="cacheManager"
ref="shiroCacheManager"></property>
        <property name="rememberMeManager" ref="rememberMeManager"></property>
        <property name="realms">
            <list>
                <ref bean="jdbcRealm"/>
            </list>
        </property>
    </bean>


    <!-- shiroFilter -->
    <bean id="shiroFilter"
class="org.apache.shiro.spring.web.ShiroFilterFactoryBean">
        <property name="securityManager" ref="securityManager"/>
        <!-- override these for application-specific URLs if you like:-->
        <property name="loginUrl" value="/toLogin"/>
        <property name="successUrl" value="/toMain"/>
        <property name="unauthorizedUrl" value="/toLogin"/>
        <property name="filterChainDefinitions">
            <value>
                # anonymous
                /test/ckeditor.jsp = anon
                /ckfinderfiles/** = anon
                /xad-new/** = anon

                /monitoring = auth

                /checkCaptcha = anon
                /notFound = anon
```

```
                    /staticresources/ ** = anon
                    /jsp/ ** = anon
                    /script/login.js = anon
                    /favicon.ico = anon

                    # requests to /DoLogout will be handled by the 'logout' filter
                    /logout = logout

                    # requests to /toLogin will be handled by the 'auth' filter
                    /toLogin = auth

                    # doc page need auth
                    /script/ ** = auth
                    /doc/ ** = auth

                    # need to permission
                    /toMain = auth
                    / ** =    perms
                </value>
        </property>
    </bean>

    <bean id="lifecycleBeanPostProcessor"
    class="org.apache.shiro.spring.LifecycleBean PostProcessor"/>


</beans>
```

登录页面设计示例如下。

```
<%@ page import="org.apache.shiro.SecurityUtils" %>
<%@ page import="org.apache.shiro.authc.AuthenticationException" %>
<%@ page language="java" import="java.util. * " pageEncoding="UTF-8" %>
<%
    String path = request.getContextPath();
    String basePath = request.getScheme() + "://" + request.getServerName() + ":" +
request.getServerPort()
```

```
                    + path + "/";
%>
<%@ taglib uri = "http://java.sun.com/jsp/jstl/core" prefix = "c"%>
<! DOCTYPE html>
<html>
<head>
<meta charset = "utf-8">
<meta http-equiv = "X-UA-Compatible" content = "IE = edge">
<meta name = "viewport" content = "width = device-width, initial-scale = 1">
<base href = "<% = basePath%>">

<title>XAD 分布式破译解密系统</title>

<meta http-equiv = "pragma" content = "no-cache">
<meta http-equiv = "cache-control" content = "no-cache">
<meta http-equiv = "expires" content = "0">
<meta http-equiv = "keywords" content = "sh,easyee,javaee,framework,java">
<meta http-equiv = "description" content = "XAD 分布式破译解密系统">

<link rel = "stylesheet" href = "staticresources/login/css/normalize.css">
<link rel = "stylesheet" href = "staticresources/login/css/style.css"
    media = "screen" type = "text/css" />

<! -- 全局变量 -->
<script type = "text/javascript">
var EasyEE = {
        basePath:'<% = basePath%>'
    }
</script>

<! -- EasyUI JS -->
<script type = "text/javascript" src = "staticresources/easyui/jquery.min.js"></script>
<script type = "text/javascript" src = "staticresources/easyui/jquery.easyui.min.js"></script>
<script type = "text/javascript" src = "staticresources/easyui/locale/easyui-lang-zh_CN.js"></script>

<! -- EasyUIEx -->
```

```
<link rel="stylesheet" type="text/css"
href="staticresources/easyuiex/css/easyuiex.css">
<script type="text/javascript"
src="staticresources/easyuiex/easy.easyuiex.min.js"></script>
<script type="text/javascript"
src="staticresources/easyuiex/easy.easyuiex-validate.js"></script>
<! -- EasyUIEx 的默认消息语言为中文,使用其他语言需要导入相应语言文件 -->
<script type="text/javascript"
src="staticresources/easyuiex/lang/easy.easyuiex-lang-zh_CN.js"></script>
<%-- jquery Cookie plugin --%>
<script type="text/javascript" src="staticresources/easyee/jquery.cookie.js"></script>
<script type="text/javascript" src="script/login.js"></script>
<%@ taglib uri="http://shiro.apache.org/tags" prefix="shiro" %>

<c:if test="${! empty MSG}">
    <script type="text/javascript">
        $(function() {
            uiEx.alert("${MSG}", "info");
        })
    </script>
    <c:remove var="MSG" scope="session"/>
</c:if>
</head>

<body>

    <div style="text-align:center;clear:both;position:absolute;top:0;left:260px">
    </div>
    <canvas class="canvas"></canvas>

    <div class="help">登 录</div>

    <div class="overlay">
    <div class="tabs">
        <div class="tabs-labels">
            <span class="tabs-label"> 登 录 </span><span class="tabs-label">关于我
们</span>
        </div>
```

```html
<div class="tabs-panels">
    <div class="tabs-panel ui-details">
        <div class="ui-details-content">
            <h1>XAD 分布式破译解密系统</h1>
            <div style="margin: 0 auto;width: 500px;">
                <div class="easyui-panel" title="用户登录" style="width:500px;">
                    <div style="padding:10px 60px 20px 60px;">
                        <form id="loginForm" class="easyui-form" method="post"
                            data-options="novalidate:true" action="toLogin">
                            <table cellpadding="5" style="">
                                <tr>
                                    <td width="90">用户名:</td>
                                    <td><input
                                        class="easyui-textbox" type="text"
                                            name="name"
id="username" style="height:30px;width: 190px;"
data-options="validType:[],required:true,prompt:'user name...'"
                                            value="xad" /></td>
                                            <!-- <td><input class="easyui-
textbox" type="text" name="uname" style="height:30px;width: 180px;"
data-options="validType:['email','startChk[\'A\']'],required:true"></input></td> -->
                                </tr>
                                <tr>
                                    <td>密 码:</td>
                                    <td><input class="easyui-textbox"
type="password"
                                        name="password" style="height:
30px;width: 190px;"
    data-options="required:true" value="xad123" /></td>
                                </tr>
                            </table>
                        </form>
                        <div style="text-align:center;padding:5px">
                            <a href="javascript:void(0)" class="easyui-
linkbutton"
                                id="loginBtn" iconCls="icon-man" style="
padding: 3px 10px">
```

```
                                       登录 </a> <a href="javascript:void(0)"
iconCls="icon-clear"
                                        class="easyui-linkbutton"
    onclick="uiEx.clearForm('#loginForm')"
                                        style="padding:3px 10px"> 清 空 </a>
                           </div>
                        </div>
                      </div>
                    </div>
                  </div>
                </div>

          <div class="tabs-panel ui-share">
             <div class="ui-share-content">
                <h1>#</h1>
                <div class="footer">
                   <p>
                      © 2015 - 2099 # <a href="#"
                             style="color:#8EBB31;font-weight:bold;text-
decoration:underline;"> # </a>
                   </p>
                   <p>
                      <a href="mailto:# ">#</a>
                   </p>
                </div>
             </div>
          </div>
        </div>
      </div>
    </div>

    <script src="staticresources/login/js/index.js"></script>

</body>
</html>
```

7.2 系统主窗体设计

主页面的 JSP 设计示例如下。

```
<%@ page import="org.apache.shiro.subject.support.DefaultSubjectContext"%>
<%@ page import="org.apache.shiro.SecurityUtils"%>
<%@ page language="java" import="java.util.*" pageEncoding="UTF-8"%>
<%
String path = request.getContextPath();
String basePath =
request.getScheme()+"://"+request.getServerName()+":"+request.getServerPort()+
path+"/";
%>
<%@ taglib uri="http://java.sun.com/jsp/jstl/fmt" prefix="fmt" %>
<!DOCTYPE html>
<html>
  <head>
    <meta charset="utf-8">
    <meta http-equiv="X-UA-Compatible" content="IE=edge">
    <meta name="viewport" content="width=device-width, initial-scale=1">
    <base href="<%=basePath%>">

    <title>XAD 分布式破译解密系统</title>

    <meta http-equiv="pragma" content="no-cache">
    <meta http-equiv="cache-control" content="no-cache">
    <meta http-equiv="expires" content="0">
    <meta http-equiv="keywords" content="sh,easyee,javaee,framework,java">
    <meta http-equiv="description" content="分布式破译解密系统">

<link rel="stylesheet" type="text/css" href="staticresources/style/easyee.main.css">

<%-- EasyUI CSS --%>
<link rel="stylesheet" type="text/css"
href="staticresources/easyui/themes/metro-blue/easyui.css" id="themeLink">
<link rel="stylesheet" type="text/css"
href="staticresources/easyui/themes/icon.css">
<link rel="stylesheet" type="text/css" href="staticresources/easyui/portal.css">
```

```
<%-- 全局变量 --%>
<script type="text/javascript">
    var EasyEE={};
    EasyEE.basePath='<%=basePath%>';
    EasyEE.menuTreeJson=${menuTreeJson};
</script>
<style type="text/css">
    /*-- 消除 grid 屏闪问题 --//*/
    .datagrid-mask{
      opacity:0;
      filter:alpha(opacity=0);
    }
    .datagrid-mask-msg{
      opacity:0;
      filter:alpha(opacity=0);
    }
</style>


<%-- EasyUI JS & Extension JS--%>
<script type="text/javascript" src="staticresources/easyui/jquery.min.js"></script>
<script type="text/javascript"
    src="staticresources/easyui/jquery.easyui.min.js"></script>
<script type="text/javascript"
    src="staticresources/easyui/locale/easyui-lang-zh_CN.js"></script>
<script type="text/javascript" src="staticresources/easyui/datagrid-dnd.js"></script>
<script type="text/javascript"
    src="staticresources/easyui/datagrid-detailview.js"></script>
<script type="text/javascript" src="staticresources/easyui/jquery.portal.js"></script>
<script type="text/javascript" src="staticresources/easyui/treegrid-dnd.js"></script>


<%-- EasyUIEx --%>
<link rel="stylesheet" type="text/css"
    href="staticresources/easyuiex/css/easyuiex.css">
<script type="text/javascript"
    src="staticresources/easyuiex/easy.easyuiex.min.js"></script>
<script type="text/javascript"
    src="staticresources/easyuiex/easy.easyuiex-validate.js"></script>
<%-- 使用 EasyUIEx 的 easy.jquery.edatagrid.js 代替 jquery.edatagrid.js --%>
<script type="text/javascript"
    src="staticresources/easyuiex/easy.jquery.edatagrid.js"></script>
```

```
<%-- EasyUIEx 的默认消息语言为中文,使用其他语言需要导入相应语言文件 --%>
<script type="text/javascript"
    src="staticresources/easyuiex/lang/easy.easyuiex-lang-zh_CN.js"></script>

<%-- Echarts --%>
<script type="text/javascript"
    src="staticresources/echarts/themes/default.js"></script>
<script type="text/javascript"
    src="staticresources/echarts/themes/blue.js"></script>
<script type="text/javascript"
    src="staticresources/echarts/themes/dark.js"></script>
<script type="text/javascript" src="staticresources/echarts/themes/gray.js"></script>
<script type="text/javascript"
    src="staticresources/echarts/themes/green.js"></script>
<script type="text/javascript"
    src="staticresources/echarts/themes/helianthus.js"></script>
<script type="text/javascript"
    src="staticresources/echarts/themes/infographic.js"></script>
<script type="text/javascript"
    src="staticresources/echarts/themes/macarons.js"></script>
<script type="text/javascript" src="staticresources/echarts/themes/red.js"></script>
<script type="text/javascript"
    src="staticresources/echarts/themes/shine.js"></script>
<script type="text/javascript"
    src="staticresources/echarts/echarts-all.js"></script>

<%-- EasyEE 全局 JS 文件 --%>
<script type="text/javascript"
    src="staticresources/easyee/lang/easyee-zh_CN.js"></script>
<script type="text/javascript"
    src="staticresources/easyee/easyee-sm.main.js"></script>

<%-- 自定义页面相关 JS --%>
<script type="text/javascript" src="script/main/main.js"></script>

<%-- jquery Cookie plugin --%>
<script type="text/javascript" src="staticresources/easyee/jquery.cookie.js"></script>
    </head>

<%-- 将布局放在 body --%>
```

```
<body class="easyui-layout">
    <%-- Head --%>
    <div id="easysshtop" data-options="region:'north',split:true"
        style="height:120px;padding: 0 20px;" title="">
            <h1 style="display: inline;line-height: 80px;font-size: 32px;font-family:
'Roboto Condensed',微软雅黑;font-weight: 700;">

    <%-- <img alt="" src="images/logo.png"/> --%>
    <span style="color:#376E91">分布式破译解密系统</span>
    </h1>

        <div style="float: right; padding-top: 20px;line-height: 30px;text-align: right;">
        <%request.setAttribute("now", new java.util.Date());%>
欢迎 <span style="font-weight:bold">
$ {USER.realName }</span>
<span id="showtime">
    <fmt:formatDate value="$ {now }" pattern="yyyy 年 mm 月 dd 日 HH:mm:ss"/>
        </span>

        <br/>
        <input id="themeCombobox" class="easyui-combobox" style="width: 120px;"
        data-options="hasDownArrow:false,icons:[{'iconCls':'icon-palette'}]" />

        <a id="btnChangePwd" class="easyui-linkbutton"
        data-options="iconCls:'icon-lock_edit'">修改密码</a>
        <a id="btnExit"
        href="logout" class="easyui-linkbutton"
        data-options="iconCls:'icon-monitor_go'">退出系统</a>
        </div>
            </div>
    <%-- Menu --%>
    <div data-options="region:'west',title:' 功能菜单 ',split:true"
        style="width:180px;">
        <div style="margin:10px 0;"></div>
        <%-- <div class="easyui-panel" style="padding:5px"> --%>
        <ul id="menu" class="easyui-tree"
            data-options="animate:true,lines:false">
        </ul>
    </div>
    <%-- Content --%>
```

```
        <div data-options="region:'center',split:true" >
            <div class="easyui-tabs" id="tabs" data-options="fit:true">
                <%-- <div title="最近报表" iconCls="icon-chart_bar" data-options="
href:'jsp/echarts/doChart.jsp'"></div> --%>
                <div title="欢迎使用破译解密系统" class="main-logo" iconCls="icon-
book" data-options="fit:true, content:'<span style=\'color:#8FC31F;font-size:30px;\'></
span>'"></div>
            </div>
        </div>
        <div data-options="region:'south',split:false"
            style="height:35px;line-height:30px;text-align:center;">
            © 2015-2099 XAD <a href="#"
                              style="color:#8EBB31;font-weight:bold;text-decoration:
underline;"> </a>
        </div>
    </div>
    <%-- ################Tab选项卡的右键菜单,不能删除################
--%>
    <div id="tabsMenu" class="easyui-menu" style="width:120px;">
        <div name="close" data-options="iconCls:'icon-close'">关闭标签</div>
        <div name="other" data-options="">关闭其他标签</div>
        <div name="all" data-options="">关闭所有标签</div>
        <div class="menu-sep"></div>
        <div name="closeRight">关闭右侧标签</div>
        <div name="closeLeft">关闭左侧标签</div>
        <div class="menu-sep"></div>
        <div name="refresh" data-options="iconCls:'icon-reload'">刷新标签</div>
    </div>

    <div id="dialogChangePwd" class="easyui-dialog" title="密码修改"
        style="width:400px;height:200px;"
        data-options="iconCls:'icon-edit',resizable:true,modal:true,closed:true">

        <form id="formChangePwd" action="SysUser/changePwd" method="post"
            class="easyui-form" data-options="novalidate:true">
            <table height="140" align="center">
                <tr>
                    <td>旧密码:</td>
                    <td><input id="upwd" name="password"
                        class="easyui-textbox"
```

```
                            type = "password"
        data-options = "required:true,validType:'minLength[6]'"></input> <%--
        <input  id = "upwd"  name = "upwd"  class = "easyui-validatebox"  type = "password"  data-
options = "required:true,validType:'minLength[6]'"></input> --%>
                    </td>
                </tr>
                <tr>
                    <td>新密码:</td>
                    <td><input id = "newpwd" name = "newPwd" class = "easyui-textbox"
                        type = "password"
        data-options = "required:true,validType:'minLength[6]'"></input></td>
                </tr>
                <tr>
                    <td>重新输入新密码:</td>
                    <td><input id = "renewpwd" name = "confirmPwd"
                        class = "easyui-textbox" type = "password"
        data-options = "required:true,validType:['minLength[6]','equals[\'#newpwd\',\'与新密
码不一致.\']']"></input></td>
                </tr>
                <tr>
                    <td colspan = "2" align = "center"><a href = "javascript:void(0)"
                        id = "submitChangPwd" class = "easyui-linkbutton"
                        data-options = "iconCls:'icon-edit'">修改密码</a> <a
                        href = "javascript:void(0)" class = "easyui-linkbutton"
                        onclick = "uiEx.clearForm('#formChangePwd')"
                        data-options = "iconCls:'icon-clear'">清空</a></td>
                </tr>
            </table>
        </form>
    </div>
</body>
</html>
```

主页面的 JS 代码示例如下。

```
/ **
 * 主界面相关处理函数
```

```
*/
$(function(){
    // 系统日期显示
    if( $("#showtime").length>0){
        setInterval(function(){
            var now=new Date();
            var yyyy=now.getFullYear();
            var MM=now.getMonth()+1;
            var dd=now.getDate();
            var HH=now.getHours();
            var mm=now.getMinutes();
            var ss=now.getSeconds();

            MM=MM<10?"0"+MM:MM;
            dd=dd<10?"0"+dd:dd;
            mm=mm<10?"0"+mm:mm;
            ss=ss<10?"0"+ss:ss;
            $("#showtime").html(yyyy+"年"+MM+"月"+dd+"日 "+HH+":"+mm
+":"+ss);
        },1000);
    }
    /**
     * 打开修改密码对话框
     */
    $("#btnChangePwd").on("click", function(){
        // $("#dialogChangePwd").dialog({closed: false});
        //禁用表单验证,清除上一次弹出的验证信息
        uiEx.disableValidate("#formChangePwd");
        uiEx.openDialog("#dialogChangePwd");
    });

    /**
     * 提交密码修改信息
     */
    $("#submitChangPwd").on("click", function(){
        uiEx.submitAjax("#formChangePwd", function(data){
            data = eval("(" + data + ")");
```

```
                    if ( data.statusCode = = 200 ) {
                        //uiEx.alert( '密码修改成功！ ' , "info" ) ;
                        uiEx.msg( data.msg ) ;
                        uiEx.closeDialog( "#dialogChangePwd" ) ;
                    } else {
                        //uiEx.alert( data.msg , "warning" ) ;
                    }
                } ) ;

        } ) ;


        //请求菜单树信息
        / *  $ ( "#menu" ).initTree( {
            data : [ $ {menuJSON} ] ,
            //url ： "json/menuTree.json.js" ,
        } ) ; * /


        //普通树菜单初始化
        uiEx.initParentIdTree(
                "#menu" ,   //树菜单 selector
                "#tabs" ,   //打开树菜单 url 的 tabSelector
                //其他树参数
                {
                    expandChilds：true , //点击父菜单,展开子菜单
                    data：EasyEE.menuTreeJson
                    //url ： "json/menuTree.json.js" ,
                }
            ) ;
        //为指定选项卡列表添加右键菜单
        uiEx.addTabsContextMenu( "#tabs" , "#tabsMenu" ) ;
        //自动打开指定 ID 的菜单
        //uiEx.openMenuById( "#menu" , "#tabs" , [ 111,112 ] ) ;
        //uiEx.openMenuById( "#menu" , "#tabs" , 112 ) ;
        //uiEx.openMenuByText( "#menu" , "#tabs" , [ "CRUD rowEidt" , "CRUD cellEidt" ] ) ;
//      uiEx.openMenuByText( "#menu" , "#tabs" , "CRUD rowDetailEdit" ) ;
        / **
         *  easyui 主题切换下拉菜单
```

```
        */
        $("#themeCombobox")
                .combobox(
                        {
                                editable : false,
                                panelHeight : "auto",
                                valueField : "value",
                                textField : 'text',
                                url : EasyEE.basePath
                                        +"staticresources/easyee/json/easyui.theme.combobox.json",
                                /*
                                 * "data": [{ "value":"default", "text":"default",
                                 * "selected":true },{ "value":"black", "text":"black"
                                 * },{ "value":"bootstrap", "text":"bootstrap" },{
                                 * "value":"gray", "text":"gray" },{ "value":"metro",
                                 * "text":"metro" }],
                                 */
                                onSelect : function(selObj) {
                                        document.getElementById("themeLink").href = EasyEE.basePath
                                                + "staticresources/easyui/themes/"
                                                + selObj.value
                                                + "/easyui.css";
                                        $.cookie('ui_theme', selObj.value, { expires: 365, path: '/' });
                                },
                                // 加载成功后设置默认值
                                onLoadSuccess : function() {
                                        var defaultTheme = "metro-blue";

                                        var theme = $.cookie('ui_theme');
                                        if(theme) {
                                                defaultTheme = theme;
                                        }
                                        $("#themeCombobox").combobox("setValue",
                                        defaultTheme);
document.getElementById("themeLink").href = EasyEE.basePath +"staticresources/easyui/
themes/"+defaultTheme+"/easyui.css";
                                }
                        });
        })
```

7.3　服务端模块设计

服务器控制并与客户端交互，设计示例如下。

```
package com.goldcow.emanage.sysmanage.service.impl;

import java.util.ArrayList;
import java.util.HashMap;
import java.util.List;
import java.util.Map;

import javax.servlet.http.HttpServletRequest;

import org.slf4j.Logger;
import org.slf4j.LoggerFactory;
import org.springframework.beans.factory.annotation.Autowired;
import org.springframework.stereotype.Service;
import org.springframework.transaction.annotation.Transactional;

import com.goldcow.emanage.sysmanage.persist.AgentBinaryDao;
import com.goldcow.emanage.sysmanage.persist.AgentDao;
import com.goldcow.emanage.sysmanage.persist.AgentErrorDao;
import com.goldcow.emanage.sysmanage.persist.AssignmentDao;
import com.goldcow.emanage.sysmanage.persist.ChunkDao;
import com.goldcow.emanage.sysmanage.persist.FileDao;
import com.goldcow.emanage.sysmanage.persist.HashDao;
import com.goldcow.emanage.sysmanage.persist.HashListDao;
import com.goldcow.emanage.sysmanage.persist.HashcatReleaseDao;
import com.goldcow.emanage.sysmanage.persist.HashlistAgentDao;
import com.goldcow.emanage.sysmanage.persist.RegVoucherDao;
import com.goldcow.emanage.sysmanage.persist.TaskDao;
import com.goldcow.emanage.sysmanage.persist.TaskFileDao;
import com.goldcow.emanage.sysmanage.persist.ZapDao;
import com.goldcow.emanage.sysmanage.service.IServerService;
import com.goldcow.emanage.sysmanage.vo.ClientRequestBeanVO;
import com.goldcow.emanage.sysmanage.vo.TaskBeanVO;
```

```
import com.goldcow.emanage.util.gen.entity.Agent;
import com.goldcow.emanage.util.gen.entity.AgentError;
import com.goldcow.emanage.util.gen.entity.Assignment;
import com.goldcow.emanage.util.gen.entity.Chunk;
import com.goldcow.emanage.util.gen.entity.File;
import com.goldcow.emanage.util.gen.entity.HashlistAgent;
import com.goldcow.emanage.util.gen.entity.RegVoucher;
import com.goldcow.emanage.util.gen.entity.Zap;
import com.goldcow.sframe.util.JsonUtil;
/**
 * 服务调度业务类
 */
@Service("iServerService")
public class ServerServiceImpl implements IServerService {

    private static Logger log = LoggerFactory.getLogger(AgentBinaryServiceImpl.class);

    @Autowired
    private RegVoucherDao regVoucherDao;

    @Autowired
    private AgentDao agentDao;

    @Autowired
    private AgentBinaryDao agentBinaryDao;

    @Autowired
    private HashcatReleaseDao hashcatReleaseDao;

    @Autowired
    private TaskDao taskDao;

    @Autowired
    private AssignmentDao assignmentDao;

    @Autowired
    private AgentErrorDao agentErrorDao;
```

```
    @ Autowired
    private FileDao fileDao;

    @ Autowired
    private TaskFileDao taskFileDao;

    @ Autowired
    private HashListDao hashListDao;

    @ Autowired
    private HashlistAgentDao hashlistAgentDao;

    @ Autowired
    private HashDao hashDao;

    @ Autowired
    private ChunkDao chunkDao;

    @ Autowired
    private ZapDao zapDao;

/ **
    * 方法名称:test
    * 功能简述:返回客户端请求信息
    * /
    @ Override
    public ClientRequestBeanVO test( ) {
        //接收客户端信息,并返回响应的 Bean 类对象
        // TODO Auto-generated method stub
        ClientRequestBeanVO clientRequestBeanVO = new ClientRequestBeanVO( );
        clientRequestBeanVO.setAction( clientRequestBeanVO.getAction( ));//空字符串
        clientRequestBeanVO.setResponse( "SUCCESS" );
        return clientRequestBeanVO;
    }
/ **
    * 方法名称:register
```

```
     * 功能简述:注册客户端并返回结果
     * @param clientRequestBeanVO,request
     */
    @Override
    public ClientRequestBeanVO register ( ClientRequestBeanVO clientRequestBeanVO,
HttpServletRequest request) {
        // TODO Auto-generated method stub
        ClientRequestBeanVO retrun_clientRequestBeanVO = new ClientRequestBeanVO();
        //voucher 为服务器生成的凭证,客户端第一次与服务器连接需要客户端发送一个
服务器生成的凭证才能正常连接成功
        //如果没有凭证,服务器就拒绝客户端连接
        //Gpus 为显卡信息,Uid 为用户名,name 为客户端的计算机名称,os 为操作系统
        if (clientRequestBeanVO.getVoucher() == null || clientRequestBeanVO.getGpus
() == null
                    || clientRequestBeanVO.getUid() == null || clientRequestBeanVO.
getName() == null
                    || clientRequestBeanVO.getOs() == null || clientRequestBeanVO.
getVoucher().equals("")
                    || clientRequestBeanVO.getGpus().equals("") || clientRequestBeanVO.
getUid().equals("")
                    || clientRequestBeanVO.getName().equals("") || clientRequestBeanVO.
getOs().equals("")) {

    retrun_clientRequestBeanVO.setErrorInfo(clientRequestBeanVO.getAction(), "输入的凭
证号码不存在! register()...");
            return retrun_clientRequestBeanVO;
        } else {
            Map<String, Object> regVoucher_map = new HashMap<String, Object>();
            regVoucher_map.put("voucher", clientRequestBeanVO.getVoucher());
                List < Map < String, Object > > regVoucherList = regVoucherDao.
findRegVoucherByVoucher(regVoucher_map);
            if (regVoucherList == null || regVoucherList.size() == 0) {
    retrun_clientRequestBeanVO.setErrorInfo(clientRequestBeanVO.getAction(), "客户端提
供的凭证号码不存在! register()...");
                return retrun_clientRequestBeanVO;
            } else {
                regVoucher_map = regVoucherList.get(0);
```

```
                    int cpuOnly = 1;
                    String gpu_str = "";
        //客户端返回的 gpu 信息集合。包括几个显卡,是 N 卡还是 A 卡,是否是集
成显卡等信息
                    for ( int i = 0, j = clientRequestBeanVO.getGpus( ).size( ); i < j; i++) {
                        String gpu_temp = clientRequestBeanVO.getGpus( ).get( i ).toLowerCase
( );//将大写字符转换为小写字符
                        if ( gpu_temp.indexOf( "amd" ) > 0 || gpu_temp.indexOf( "ati" ) > 0 ||
gpu_temp.indexOf( "radeon" ) > 0
                            || gpu_temp.indexOf( "nvidia" ) > 0 || gpu_temp.indexOf( "gtx" ) > 0
                            || gpu_temp.indexOf( "ti" ) > 0) {
                        cpuOnly = 0;
                        }
                    if ( i == j - 1 ) {
                        gpu_str = clientRequestBeanVO.getGpus( ).get( i );
                    } else {
                        gpu_str = clientRequestBeanVO.getGpus( ).get( i ) + "\n";
                    }
                    }


        RegVoucher regVoucher = new RegVoucher( );
        regVoucher.setRegVoucherId( ( Integer) regVoucher_map.get( "regVoucherId" ) );
        regVoucherDao.deleteRegVoucher( regVoucher );


        Agent agent = new Agent( );
        agent.setAgentId( new Integer(0) );//客户端 ID
        agent.setAgentName( clientRequestBeanVO.getName( ) );//客户端名
        agent.setUid( clientRequestBeanVO.getUid( ) );
        agent.setOs( new Integer( clientRequestBeanVO.getOs( ) ) );
        agent.setGpus( gpu_str );
        agent.setIgnoreErrors( new Integer(0) );
        agent.setIsActive( new Integer(1) );//客户端是否激活
        agent.setIsTrusted( new Integer(0) );//客户端是否信任
        String token = JsonUtil.generateRandomStr(10);
        agent.setToken( token );//服务器端生成的客户端进行请求的令牌
        agent.setLastAct( clientRequestBeanVO.getAction( ) );//客户端最后执行的请求路径
        agent.setLastTime( JsonUtil.getTimestamp( ) );//客户端最后登录时间
```

```
        agent.setLastIp(JsonUtil.getIpAdrress(request));//客户端最后登录 IP 地址
        agent.setCpuOnly(cpuOnly);

        agentDao.saveAgent(agent);
        int id = agent.getAgentId();

        if (id > 0) {
    retrun_clientRequestBeanVO.setAction(clientRequestBeanVO.getAction());
            retrun_clientRequestBeanVO.setResponse("SUCCESS");
            retrun_clientRequestBeanVO.setToken(token);
            return retrun_clientRequestBeanVO;
        } else {
    retrun_clientRequestBeanVO.setErrorInfo(clientRequestBeanVO.getAction(),
                "无法在服务器注册凭证号码! register()...");
            return retrun_clientRequestBeanVO;
        }
        }
    }
}
/**
    * 方法名称:loginAgent
    * 功能简述:客户端通过验证上线
    * @param clientRequestBeanVO,request
    */
    @Override
    public ClientRequestBeanVO loginAgent (ClientRequestBeanVO clientRequestBeanVO,
HttpServletRequest request) {
        // TODO Auto-generated method stub
        ClientRequestBeanVO retrun_clientRequestBeanVO = new ClientRequestBeanVO();
        if (clientRequestBeanVO.getToken() == null || clientRequestBeanVO.getToken().
equals("")) {
    retrun_clientRequestBeanVO.setErrorInfo(clientRequestBeanVO.getAction(), "客户端无
效的连接! loginAgent()...");
            return retrun_clientRequestBeanVO;
        }

        Map<String, Object> agent_map = new HashMap<String, Object>();
```

```
            agent_map.put("token", clientRequestBeanVO.getToken());
            List<Map<String, Object>> agentList = agentDao.findAgentByToken(agent_map);
```
//Token 是服务端生成的一串字符串,用来作为客户端进行请求的一个令牌,第一次登录后,服务器就会生成一个 Token 并将此 Token 返回给客户
//以后客户端只需带上这个 Token 前来请求数据即可,无需再带上用户名和密码。
```
            if (agentList == null || agentList.size() == 0) {
        retrun_clientRequestBeanVO.setErrorInfo(clientRequestBeanVO.getAction(),
                        "无效的登录凭证,请重新注册凭证号码! loginAgent()...");
                return retrun_clientRequestBeanVO;
            } else {
                agent_map = agentList.get(0);
                Agent agent = new Agent();
                agent.setAgentId((Integer) agent_map.get("agentId"));
                agent.setLastIp(JsonUtil.getIpAdrress(request));
                agent.setLastAct(clientRequestBeanVO.getAction());
                agent.setLastTime(JsonUtil.getTimestamp());

                agentDao.updateAgentByAgentId(agent);

        retrun_clientRequestBeanVO.setAction(clientRequestBeanVO.getAction());
                retrun_clientRequestBeanVO.setResponse("SUCCESS");
                retrun_clientRequestBeanVO.setTimeout("30");

            }
            return retrun_clientRequestBeanVO;

        }
/**
    * 方法名称:checkClientUpdate
    * 功能简述:检测客户端版本号是否最新
    * @param clientRequestBeanVO
    */
    @Override
    public ClientRequestBeanVO checkClientUpdate(ClientRequestBeanVO clientRequest
BeanVO) {
        // TODO Auto-generated method stub
        ClientRequestBeanVO retrun_clientRequestBeanVO = new ClientRequestBeanVO();
        //type 是设备类型,version 是版本号
```

```
        if ( clientRequestBeanVO. getVersion ( ) = = null || clientRequestBeanVO. getType
( ) = = null
                        || clientRequestBeanVO. getVersion ( ). equals ( " " ) || clientRequest
BeanVO.getType( ).equals( " " )) {
    retrun_clientRequestBeanVO. setErrorInfo ( clientRequestBeanVO. getAction ( ), " 无效的更
新操作! checkClientUpdate( )..." ) ;
        }

        Map<String, Object> agentBinary_map = new HashMap<String, Object>( ) ;
        agentBinary_map.put( " type" , clientRequestBeanVO.getType( ) ) ;
        List<Map<String, Object>> agentBinaryList = agentBinaryDao.findAgentBinaryByType
( agentBinary_map ) ;//查看数据库中是否有此类型的信息
        //如果此类型信息存在,则封装发送给客户端进行对比
        if ( agentBinaryList = = null || agentBinaryList.size( ) = = 0 ) {
    retrun_clientRequestBeanVO. setErrorInfo ( clientRequestBeanVO. getAction ( ), " 无效的类
型! checkClientUpdate( )..." ) ;
            return retrun_clientRequestBeanVO ;
        } else {
            agentBinary_map = agentBinaryList.get( 0 ) ;
    retrun_clientRequestBeanVO.setAction( clientRequestBeanVO.getAction( ) ) ;
            retrun_clientRequestBeanVO. setResponse( " SUCCESS" ) ;
            retrun_clientRequestBeanVO.setVersion( " OK" ) ;
        }
        return retrun_clientRequestBeanVO ;
    }
/ **
    * 方法名称:downloadApp
    * 功能简述:下载最新客户端
    * @ param clientRequestBeanVO ,request
    * /
    @ Override
    public ClientRequestBeanVO downloadApp ( ClientRequestBeanVO clientRequestBeanVO,
HttpServletRequest request) {
        // TODO Auto-generated method stub
        ClientRequestBeanVO retrun_clientRequestBeanVO = new ClientRequestBeanVO( ) ;

        Map<String, Object> agent_map = new HashMap<String, Object>( ) ;
```

```
            agent_map.put("token", clientRequestBeanVO.getToken());
            List<Map<String, Object>> agentList = agentDao.findAgentByToken(agent_map);


        if (agentList == null || agentList.size() == 0) {
    retrun_clientRequestBeanVO.setErrorInfo(clientRequestBeanVO.getAction(), "无效的令
牌! downloadApp()...");
                return retrun_clientRequestBeanVO;
        } else {
                if (clientRequestBeanVO.getToken() == null || clientRequestBeanVO.getToken
().equals("")
                    || clientRequestBeanVO.getType() == null || clientRequestBeanVO.
getType().equals("")) {
        retrun_clientRequestBeanVO.setErrorInfo(clientRequestBeanVO.getAction(), "无效的下
载查询! downloadApp()...");
                return retrun_clientRequestBeanVO;
        }
            agent_map = agentList.get(0);

            Agent agent = new Agent();
            agent.setAgentId((Integer) agent_map.get("agentId"));
            agent.setLastIp(JsonUtil.getIpAdrress(request));
            agent.setLastAct(clientRequestBeanVO.getAction());
            agent.setLastTime(JsonUtil.getTimestamp());

            agentDao.updateAgentByAgentId(agent);

            switch (clientRequestBeanVO.getType()) {
            //"7zr"是命令行工具,属于压缩解压缩工具
            case "7zr":
        retrun_clientRequestBeanVO.setAction(clientRequestBeanVO.getAction());
                retrun_clientRequestBeanVO.setResponse("SUCCESS");
                String path = request.getContextPath();
                String basePath = request.getScheme() + "://" + request.getServerName() +
":" + request.getServerPort()
                        + path + "/";
                retrun_clientRequestBeanVO.setExecutable(basePath + "resources/static/7zr.
exe");
```

```
                    return retrun_clientRequestBeanVO;
            case "hashcat":

                    List < Map < String, Object > > hashcatReleaseList = hashcatReleaseDao.
findHashcatReleaseDESC();//查询解密版本号,按插入解密时间降序排列,返回hashMap类
型

                    if (hashcatReleaseList = = null || hashcatReleaseList.size() = = 0) {
            retrun_clientRequestBeanVO.setErrorInfo(clientRequestBeanVO.getAction(),
                            "没有XAD版本可用! downloadApp()...");
                    }
                    //根据客户端发来的请求做判断,把需要执行的命令行返回给客户端,客户端
进行操作
                    Map<String, Object> hashcatRelease_map = hashcatReleaseList.get(0);
                    if ((((String) agent_map.get("hcVersion")).equals((String) hashcatRelease_
map.get("version"))
                            && ! ((clientRequestBeanVO.getForce() = = null || clientRequest
BeanVO.getForce().equals("")))
                            || ! clientRequestBeanVO.getForce().equals("1")) {
            retrun_clientRequestBeanVO.setAction(clientRequestBeanVO.getAction());
                    retrun_clientRequestBeanVO.setResponse("SUCCESS");
                    retrun_clientRequestBeanVO.setVersion("OK");
                    retrun_clientRequestBeanVO.setExecutable("hashcat64.exe");
                    return retrun_clientRequestBeanVO;
                    }

                    agent.setHcVersion((String) hashcatRelease_map.get("version"));

                    agentDao.updateAgentHcVersionByAgentId(agent);

            retrun_clientRequestBeanVO.setAction(clientRequestBeanVO.getAction());
                    retrun_clientRequestBeanVO.setResponse("SUCCESS");
                    retrun_clientRequestBeanVO.setVersion("NEW");
                    retrun_clientRequestBeanVO.setUrl((String) hashcatRelease_map.get("
url"));
                    retrun_clientRequestBeanVO.setRootdir((String) hashcatRelease_map.get("
rootdir"));
                    retrun_clientRequestBeanVO.setExecutable("hashcat64.exe");
                    return retrun_clientRequestBeanVO;
```

```
                default:
        retrun_clientRequestBeanVO.setErrorInfo(clientRequestBeanVO.getAction(), "未知的下
载类型! downloadApp()...");

                }

            }

        return retrun_clientRequestBeanVO;

    }
/**
    * 方法名称:agentError
    * 功能简述:客户端出现错误信息
    * @ param clientRequestBeanVO,request
    */
    @ Override
    public ClientRequestBeanVO agentError ( ClientRequestBeanVO  clientRequestBeanVO,
HttpServletRequest request) {
        // TODO Auto-generated method stub
        ClientRequestBeanVO retrun_clientRequestBeanVO = new ClientRequestBeanVO();

        Map<String, Object> agent_map = new HashMap<String, Object>();
        agent_map.put("token", clientRequestBeanVO.getToken());
        List<Map<String, Object>> agentList = agentDao.findAgentByToken(agent_map);

        if (agentList = = null || agentList.size() = = 0) {
        retrun_clientRequestBeanVO.setErrorInfo(clientRequestBeanVO.getAction(), "无效的令
牌! agentError()...");

                return retrun_clientRequestBeanVO;

            }

        if (clientRequestBeanVO.getToken() = = null || clientRequestBeanVO.getToken().
equals("")

                    || clientRequestBeanVO.getMessage() = = null || clientRequestBeanVO.
getMessage().equals("")

                    || clientRequestBeanVO.getTask() = = null || clientRequestBeanVO.
getTask().equals("")) {
        retrun_clientRequestBeanVO.setErrorInfo(clientRequestBeanVO.getAction(), "无效的错
误查询! agentError()...");
```

```
                return retrun_clientRequestBeanVO;
        }


        Map<String, Object> task_map = new HashMap<String, Object>();
        task_map.put("taskId", clientRequestBeanVO.getTask());
        List<Map<String, Object>> taskList = taskDao.findTaskByTaskId(task_map);
        if (taskList == null || taskList.size() == 0) {
    retrun_clientRequestBeanVO.setErrorInfo(clientRequestBeanVO.getAction(), "无效的任
务! agentError()...");
                return retrun_clientRequestBeanVO;
        }


        agent_map = agentList.get(0);
        Map<String, Object> assignment_map = new HashMap<String, Object>();
        assignment_map.put("agentId", (Integer) agent_map.get("agentId"));
        assignment_map.put("taskId", Integer.parseInt(clientRequestBeanVO.getTask()));
        List < Map < String, Object > > assignmentList = assignmentDao.findAssignmentBy
TaskIdAndAgentId(assignment_map);
        if (assignmentList == null || assignmentList.size() == 0) {
    retrun_clientRequestBeanVO.setErrorInfo(clientRequestBeanVO.getAction(), "您没有分
配到此任务! agentError()...");
                return retrun_clientRequestBeanVO;
        }


        Agent agent = new Agent();
        agent.setAgentId((Integer) agent_map.get("agentId"));
        agent.setLastIp(JsonUtil.getIpAdrress(request));
        agent.setLastAct(clientRequestBeanVO.getAction());
        agent.setLastTime(JsonUtil.getTimestamp());
        agentDao.updateAgentByAgentId(agent);


        AgentError agentError = new AgentError();//封装客户端返回的错误信息
        agentError.setAgentErrorId(0);//错误 ID 号
        agentError.setAgentId((Integer) agent_map.get("agentId"));//错误解密客户端 ID
号
        agentError.setTaskId(Integer.parseInt(clientRequestBeanVO.getTask()));//解密任
务 ID 号
```

```
agentError.setTime(JsonUtil.getTimestamp());//错误时间
agentError.setError(clientRequestBeanVO.getMessage());//错误信息
agentErrorDao.saveAgentError(agentError);
//判断客户端是否有错误信息传回
//没有错误就更新数据库客户端表信息,并激活该解密客户端
if((((Integer) agent_map.get("ignoreErrors")) == 0
        || ((Integer) agent_map.get("ignoreErrors")).equals(new Integer(0)))
{

        agent.setIsActive(new Integer(0));
        agentDao.agentUpdate(agent);

    }


    retrun_clientRequestBeanVO.setAction(clientRequestBeanVO.getAction());
    retrun_clientRequestBeanVO.setResponse("SUCCESS");


    return retrun_clientRequestBeanVO;

}
/**
 * 方法名称:getFile
 * 功能简述:客户端字典和规则下载
 * @param clientRequestBeanVO,request
 */
@Override
public ClientRequestBeanVO getFile(ClientRequestBeanVO clientRequestBeanVO,
HttpServletRequest request){
    // TODO Auto-generated method stub
    ClientRequestBeanVO retrun_clientRequestBeanVO = new ClientRequestBeanVO();

    Map<String, Object> agent_map = new HashMap<String, Object>();
    agent_map.put("token", clientRequestBeanVO.getToken());
    List<Map<String, Object>> agentList = agentDao.findAgentByToken(agent_map);
    if(agentList == null || agentList.size() == 0){
    retrun_clientRequestBeanVO.setErrorInfo(clientRequestBeanVO.getAction(), "无效的令
牌! getFile()...");
        return retrun_clientRequestBeanVO;

    }
```

```
        if ( clientRequestBeanVO.getToken( ) = = null | | clientRequestBeanVO.getToken( ).
equals( " " )
                | | clientRequestBeanVO.getTask( ) = = null | | clientRequestBeanVO.
getTask( ).equals( " " )
                | | clientRequestBeanVO.getFile( ) = = null | | clientRequestBeanVO.getFile
( ).equals( " " ) ) {
    retrun_clientRequestBeanVO.setErrorInfo( clientRequestBeanVO.getAction( ) , " 无效的文
件查询! getFile( )..." ) ;
            return retrun_clientRequestBeanVO;
        }


        Map<String, Object> task_map = new HashMap<String, Object>( ) ;
        task_map.put( " taskId" , clientRequestBeanVO.getTask( ) ) ;
        List<Map<String, Object>> taskList = taskDao.findTaskByTaskId( task_map ) ;
        if ( taskList = = null | | taskList.size( ) = = 0 ) {
    retrun_clientRequestBeanVO.setErrorInfo( clientRequestBeanVO.getAction( ) , " 无效的任
务! getFile( )..." ) ;
            return retrun_clientRequestBeanVO;
        }


        Map<String, Object> file_map = new HashMap<String, Object>( ) ;
        file_map.put( " filename" , clientRequestBeanVO.getFile( ) ) ;
        List<Map<String, Object>> fileList = fileDao.findFileByFileName( file_map ) ;
        if ( fileList = = null | | fileList.size( ) = = 0 ) {
    retrun_clientRequestBeanVO.setErrorInfo( clientRequestBeanVO.getAction( ) , " 无效的文
件! getFile( )..." ) ;
            return retrun_clientRequestBeanVO;
        }


        agent_map = agentList.get( 0 ) ;
        Map<String, Object> assignment_map = new HashMap<String, Object>( ) ;
        assignment_map.put( " agentId" , ( Integer ) agent_map.get( " agentId" ) ) ;
        assignment_map.put( " taskId" , Integer.parseInt( clientRequestBeanVO.getTask( ) ) ) ;
        List<Map<String, Object>> assignmentList = assignmentDao.findAssignmentByTaskId
AndAgentId( assignment_map ) ;
        if ( assignmentList = = null | | assignmentList.size( ) = = 0 ) {
```

123

```
    retrun_clientRequestBeanVO.setErrorInfo(clientRequestBeanVO.getAction(), "客户端没
有分配到此任务! getFile()...");
            return retrun_clientRequestBeanVO;
        }

    file_map = fileList.get(0);
    Map<String, Object> taskFile_map = new HashMap<String, Object>();
    taskFile_map.put("taskId", clientRequestBeanVO.getTask());
    taskFile_map.put("fileId", (Integer) file_map.get("fileId"));
    List<Map<String, Object>> taskFileList = taskFileDao.findTaskFileByTaskId
ANDFileId(taskFile_map);
    if (taskFileList == null || taskFileList.size() == 0) {
    retrun_clientRequestBeanVO.setErrorInfo(clientRequestBeanVO.getAction(), "此文件不
是用于指定的任务! getFile()...");
            return retrun_clientRequestBeanVO;
        }


        if ((((Integer) agent_map.get("isTrusted")) < ((Integer) file_map.get("
secret")))) {
    retrun_clientRequestBeanVO.setErrorInfo(clientRequestBeanVO.getAction(), "您无权获
取此文件! getFile()...");
            return retrun_clientRequestBeanVO;
        }


    Agent agent = new Agent();
    agent.setAgentId((Integer) agent_map.get("agentId"));
    agent.setLastIp(JsonUtil.getIpAdrress(request));
    agent.setLastAct(clientRequestBeanVO.getAction());
    agent.setLastTime(JsonUtil.getTimestamp());
    agentDao.updateAgentByAgentId(agent);
    //封装解密任务对应的解密规则或者字典路径,传给客户端进行操作
    retrun_clientRequestBeanVO.setAction(clientRequestBeanVO.getAction());
    String temp_fileName = (String) file_map.get("filename");
    retrun_clientRequestBeanVO.setFilename(temp_fileName);
    retrun_clientRequestBeanVO.setExtension(temp_fileName.substring(temp_fileName.
lastIndexOf(".") + 1));
            retrun_clientRequestBeanVO.setResponse("SUCCESS");
```

```
        String path = request.getContextPath();//返回当前页面所在的应用的名字;
        String basePath = request.getScheme() + "://" + request.getServerName() + ":" +
request.getServerPort() + path
                   + "/";//返回当前页面使用的协议,http 或是 https;返回当前页面所在
的服务器的名字;返回当前页面所在的服务器使用的端口
        retrun_clientRequestBeanVO.setUrl(basePath + "sysmanage/getFile.do? file=" +
(Integer) file_map.get("fileId")
                   + "&token=" + clientRequestBeanVO.getToken());


        return retrun_clientRequestBeanVO;
    }
/**
    * 方法名称:getHashes
    * 功能简述:获取文件中 hash 码
    * @ param clientRequestBeanVO,request
    */
@ Override
    public ClientRequestBeanVO getHashes(ClientRequestBeanVO clientRequestBeanVO,
HttpServletRequest request) {
        // TODO Auto-generated method stub
        ClientRequestBeanVO retrun_clientRequestBeanVO = new ClientRequestBeanVO();

        Map<String, Object> agent_map = new HashMap<String, Object>();
        agent_map.put("token", clientRequestBeanVO.getToken());
        List<Map<String, Object>> agentList = agentDao.findAgentByToken(agent_map);
        if(agentList == null || agentList.size() == 0) {
    retrun_clientRequestBeanVO.setErrorInfo(clientRequestBeanVO.getAction(), "无效的令
牌! getHashes()...");
            return retrun_clientRequestBeanVO;
        }


        if(clientRequestBeanVO.getToken() == null || clientRequestBeanVO.getToken().
equals("")
                   || clientRequestBeanVO.getHashlist() == null || clientRequestBeanVO.
getHashlist().equals("")) {
    retrun_clientRequestBeanVO.setErrorInfo(clientRequestBeanVO.getAction(), "无效的哈
希查询! getHashes()...");
```

```
                    return retrun_clientRequestBeanVO;
            }


        Map<String, Object> hashList_map = new HashMap<String, Object>();
        hashList_map.put("hashlistId", Integer.parseInt(clientRequestBeanVO.getHashlist
()));
        List<Map<String, Object>> hashListList = hashListDao.findHashListById(hashList_
map);
        if (hashListList == null || hashListList.size() == 0) {
    retrun_clientRequestBeanVO.setErrorInfo(clientRequestBeanVO.getAction(), "无效的
hashlist! getHashes()...");
                    return retrun_clientRequestBeanVO;
            }


        agent_map = agentList.get(0);
        Map<String, Object> assignment_map = new HashMap<String, Object>();
        assignment_map.put("agentId", (Integer) agent_map.get("agentId"));
        List<Map<String, Object>> assignmentList = assignmentDao.findAssignmentById
(assignment_map);
        if (assignmentList == null || assignmentList.size() == 0) {
    retrun_clientRequestBeanVO.setErrorInfo(clientRequestBeanVO.getAction(), "客户端没
有分配到此任务! getHashes()...");
                    return retrun_clientRequestBeanVO;
            }


        Map<String, Object> task_map = new HashMap<String, Object>();
        task_map.put("taskId", assignmentList.get(0).get("taskId"));
        List<Map<String, Object>> taskList = taskDao.findTaskByTaskId(task_map);
        if (taskList == null || taskList.size() == 0) {
    retrun_clientRequestBeanVO.setErrorInfo(clientRequestBeanVO.getAction(), "无效的任
务! getHashes()...");
                    return retrun_clientRequestBeanVO;
            }


        if (! ((Integer) taskList.get(0).get("hashlistId")).equals((Integer) hashListList.
get(0).get("hashlistId"))) {
    retrun_clientRequestBeanVO.setErrorInfo(clientRequestBeanVO.getAction(),
```

"此 hashlist 不用于分配的任务！getHashes()…")；

return retrun_clientRequestBeanVO；

} else if (((Integer) agent_map.get("isTrusted")) < ((Integer) hashListList.get(0).get("secret"))) {

retrun_clientRequestBeanVO.setErrorInfo(clientRequestBeanVO.getAction(), "您无法访问此 hashlist！getHashes()…")；

return retrun_clientRequestBeanVO；

}

Agent agent = new Agent()；
agent.setAgentId((Integer) agent_map.get("agentId"))；
agent.setLastIp(JsonUtil.getIpAdrress(request))；
agent.setLastAct(clientRequestBeanVO.getAction())；
agent.setLastTime(JsonUtil.getTimestamp())；
agentDao.updateAgentByAgentId(agent)；

retrun_clientRequestBeanVO.setHashlist_map(hashListList.get(0))；

Map<String, Object> hash_map = new HashMap<String, Object>()；
hash_map.put("isCracked", new Integer(0))；
hash_map.put("hashlistId", (Integer) hashListList.get(0).get("hashlistId"))；
retrun_clientRequestBeanVO.setHashlist_list(hashDao.findHashByHashListId(hash_map))；

Map<String, Object> hashlistAgent_map = new HashMap<String, Object>()；
hashlistAgent_map.put("hashlistId", (Integer) hashListList.get(0).get("hashlistId"))；
hashlistAgent_map.put("agentId", agent.getAgentId())；
List<Map<String, Object>> hashlistAgentList = hashlistAgentDao
.findHashlistAgentByagentIdANDhashlistId(hashlistAgent_map)；//查看跑 hash 集合的客户端
if (hashlistAgentList == null || hashlistAgentList.size() == 0) {
HashlistAgent hashlistAgent = new HashlistAgent()；
hashlistAgent.setHashlistAgentId(new Integer(0))；
hashlistAgent.setAgentId(agent.getAgentId())；
hashlistAgent.setHashlistId((Integer)
hashListList.get(0).get("hashlistId"))；

```
        hashlistAgentDao.saveHashlistAgent(hashlistAgent);

    }

        return retrun_clientRequestBeanVO;

    }
/**
 * 方法名称:getTask
 * 功能简述:获取客户端破解任务信息
 * @param clientRequestBeanVO,request
 */
@Override
    public  ClientRequestBeanVO  getTask ( ClientRequestBeanVO  clientRequestBeanVO,
HttpServletRequest request) {
        // TODO Auto-generated method stub
        ClientRequestBeanVO retrun_clientRequestBeanVO = new ClientRequestBeanVO();

        Map<String, Object> agent_map = new HashMap<String, Object>();
        agent_map.put("token", clientRequestBeanVO.getToken());
        List<Map<String, Object>> agentList = agentDao.findAgentByToken(agent_map);
        if (agentList == null || agentList.size() == 0) {
    retrun_clientRequestBeanVO.setErrorInfo(clientRequestBeanVO.getAction(), "无效的令
牌! getTask()...");
            return retrun_clientRequestBeanVO;

    }

        if (clientRequestBeanVO.getToken() == null || clientRequestBeanVO.getToken().
equals("")) {
    retrun_clientRequestBeanVO.setErrorInfo(clientRequestBeanVO.getAction(), "任务查询
无效! getTask()...");
            return retrun_clientRequestBeanVO;

    }

        agent_map = agentList.get(0);
        //判断客户端是否启动
        if (((Integer) agent_map.get("isActive")).equals(new Integer(0))) {
    retrun_clientRequestBeanVO.setAction(clientRequestBeanVO.getAction());
            retrun_clientRequestBeanVO.setResponse("SUCCESS");
```

128

```
            retrun_clientRequestBeanVO.setTask("NONE");
            return retrun_clientRequestBeanVO;
        }


    Agent agent = new Agent();
    agent.setAgentId((Integer) agent_map.get("agentId"));
    agent.setLastIp(JsonUtil.getIpAdrress(request));
    agent.setLastAct(clientRequestBeanVO.getAction());
    agent.setLastTime(JsonUtil.getTimestamp());
    agentDao.updateAgentByAgentId(agent);


    Map<String, Object> assignment_map = new HashMap<String, Object>();
    assignment_map.put("agentId", (Integer) agent_map.get("agentId"));
    List<Map<String, Object>> assignmentList = assignmentDao.findAssignmentById
(assignment_map);


    Map<String, Object> currentTask_map = null;
    assignment_map = assignmentList.get(0);
    //判断分配的解密任务是否存在
    if (assignmentList != null && assignmentList.size() != 0) {
        currentTask_map = taskDao.findTaskByTaskId(assignment_map).get(0);
    }
    //判断当前解密任务是否为空和客户端任务是否被调用
    if (currentTask_map != null && ! taskCanBeUsed(currentTask_map, agent_map))
{

        Assignment assignment = new Assignment();
        assignment.setAssignmentId((Integer) assignment_map.get("assignmentId"));
        assignmentDao.deleteAssignmentByAssignmentId(assignment);//根据分配任务
ID 删除分配任务

        assignment_map = null;
        currentTask_map = null;
    }


    Map<String, Object> setToTask = null;
    Map<String, Object> betterTask = null;
    boolean newAssignment = false;
```

```
        //判断已分配任务是否存在
        if (assignment_map = = null) {
            setToTask = getBestTask(agent_map, new Integer(0));
            newAssignment = true;
        } else {
            setToTask = currentTask_map;
            betterTask = getBestTask(agent_map, (Integer) currentTask_map.get
("priority"));//获取优先级最高的任务
            if (betterTask ! = null) {
                setToTask = betterTask;
                newAssignment = true;
            } else {
                newAssignment = false;
            }
        }

        if (setToTask = = null) {
    retrun_clientRequestBeanVO.setAction(clientRequestBeanVO.getAction());
            retrun_clientRequestBeanVO.setResponse("SUCCESS");
            retrun_clientRequestBeanVO.setTask("NONE");
            return retrun_clientRequestBeanVO;
        }
        //判断当前解密任务是否存在并且当前解密任务是否在 setToTask 集合中
        if (currentTask_map ! = null
                && (! ((Integer) setToTask.get("taskId")).equals((Integer) current
Task_map.get("taskId"))
                        || ! ((Integer) setToTask.get("task_taskId")).equals
((Integer) currentTask_map.get("taskId")))) {
            Assignment assignment = new Assignment();
            assignment.setAssignmentId((Integer) assignment_map.get("assignmentId"));
            assignmentDao.deleteAssignmentByAssignmentId(assignment);
        }

        if (newAssignment) {
            Assignment assignment = new Assignment();
            assignment.setAssignmentId(new Integer(0));
            assignment.setAgentId((Integer) agent_map.get("agentId"));
```

```
        if ( setToTask.get( "task_taskId" ) ! = null) {
            assignment.setTaskId( ( Integer) setToTask.get( "task_taskId" ) ) ;
        } else {
            assignment.setTaskId( ( Integer) setToTask.get( "taskId" ) ) ;
        }
        assignment.setBenchmark( "0" ) ;
        assignmentDao.saveAssignment( assignment) ;
    }
    //Task 表是执行解密任务列表
    Map<String, Object> task_map = new HashMap<String, Object>( ) ;
    if ( setToTask.get( "task_taskId" ) ! = null) {
        task_map.put( "taskFile_taskId" , ( Integer) setToTask.get( "task_taskId" ) ) ;
    } else {
        task_map.put( "taskFile_taskId" , ( Integer) setToTask.get( "taskId" ) ) ;
    }
    List < Map < String, Object > > taskList = taskDao.findFileByJoinedTaskFiles ( task_
map) ;
        String[ ] file_str = null;
        if ( taskList ! = null) {
            file_str = new String[ taskList.size( ) ] ;
            for ( int ii = 0, jj = taskList.size( ) ; ii < jj; ii++) {
                Map<String, Object> file_map = taskList.get( ii) ;
                file_str[ ii] = ( String) file_map.get( "file_filename" ) ;
            }
        }
    //hashlist 表是导入的 hash 码集合
    Map<String, Object> hashlist_map = new HashMap<String, Object>( ) ;
    if ( setToTask.get( "hashlist_hashlistId" ) ! = null) {
            hashlist _ map. put ( " hashlistId " , ( Integer) setToTask. get ( " hashlist _
hashlistId" ) ) ;
        } else {
            hashlist_map.put( "hashlistId" , ( Integer) setToTask.get( "hashlistId" ) ) ;
        }
    List < Map < String, Object > > hashListList = hashListDao.findHashListById ( hashlist_
map) ;

        String benchType = " " ;
```

```
        if ( setToTask.get( "task_useNewBench" ) ! = null) {
            if ( ( ( Integer) setToTask.get( "task_useNewBench" ) ).equals( new Integer( 0 ) ) )
{

                benchType = "run";
            } else {
                benchType = "speed";

            }
        } else {
            if ( ( ( Integer) setToTask.get( "useNewBench" ) ).equals( new Integer( 0 ) ) ) {
                benchType = "run";
            } else {
                benchType = "speed";

            }
        }

    retrun_clientRequestBeanVO.setAction( clientRequestBeanVO.getAction( ) );
    retrun_clientRequestBeanVO.setResponse( "SUCCESS" );

    Integer taskId = new Integer( 0 );
    if ( setToTask.get( "task_taskId" ) ! = null) {
        taskId = ( Integer) setToTask.get( "task_taskId" );
    } else {
        taskId = ( Integer) setToTask.get( "taskId" );

    }
    retrun_clientRequestBeanVO.setTask( taskId.toString( ) );

    String attackcmd = "";
    if ( setToTask.get( "task_attackCmd" ) ! = null) {
        attackcmd = ( String) setToTask.get( "task_attackCmd" );
    } else {
        attackcmd = ( String) setToTask.get( "attackCmd" );

    }
    retrun_clientRequestBeanVO.setAttackcmd( attackcmd );

    String cmdpars = ( String) agent_map.get( "cmdPars" ) + " --hash-type = "
            + ( Integer) hashListList.get( 0 ).get( "hashTypeId" );
    retrun_clientRequestBeanVO.setCmdpars( cmdpars );
```

```
        Integer hashListId = new Integer(0);
        if (setToTask.get("hashlist_hashlistId") ! = null) {
            hashListId = (Integer) setToTask.get("hashlist_hashlistId");
        } else {
            hashListId = (Integer) setToTask.get("hashlistId");
        }
        retrun_clientRequestBeanVO.setTask(hashListId.toString());

        retrun_clientRequestBeanVO.setBench("30");

        Integer statustimer = new Integer(0);
        if (setToTask.get("task_statusTimer") ! = null) {
            statustimer = (Integer) setToTask.get("task_statusTimer");
        } else {
            statustimer = (Integer) setToTask.get("statusTimer");
        }
        retrun_clientRequestBeanVO.setStatustimer(statustimer.toString());

        retrun_clientRequestBeanVO.setFiles(file_str);
        retrun_clientRequestBeanVO.setBenchType(benchType);
        retrun_clientRequestBeanVO.setHashlistAlias(" #HL# ");

        return retrun_clientRequestBeanVO;
    }


/**
    * 方法名称:agentHasAccessToTask
    * 功能简述:客户端 hahs 破解任务是否存在
    * @ param task_map,agent_map
    */
    private boolean agentHasAccessToTask (Map<String, Object> task_map, Map<String,
Object> agent_map) {
        Map<String, Object> hashList_map = hashListDao.findHashListById(task_map).get
(0);
        if (((Integer) hashList_map.get("secret")) > ((Integer) agent_map.get
("isTrusted"))) {
            return false;
```

```
                    }

        task_map.put("taskFile_taskId", task_map.get("taskId"));
        List<Map<String, Object>> taskFile_fileList = taskFileDao.findFileANDTaskFile(task
_map);
        for (int i = 0, j = taskFile_fileList.size(); i < j; i++) {
            Map<String, Object> taskFile_file_map = taskFile_fileList.get(i);
            if ((((Integer) taskFile_file_map.get("secret")) > ((Integer) agent_map.get
("isTrusted")))) {
                    return false;
                }
            }
        return true;
    }
/**
    * 方法名称:taskCanBeUsed
    * 功能简述:客户端任务是否被调用
    * @param task_map,agent_map
    */
    private boolean taskCanBeUsed(Map<String, Object> task_map, Map<String, Object>
agent_map) {
        if (! agentHasAccessToTask(task_map, agent_map)) {
            return false;
        }

        Map<String, Object> hashList_map = hashListDao.findHashListById(task_map).get
(0);
        //判断是否全部破解完成
        if ((((Integer) hashList_map.get("cracked")) >= ((Integer) hashList_map.get
("hashCount")))) {
            //判断破解优先权是否大于0,大于0则修改成0
            if ((((Integer) task_map.get("priority")) > 0) {
                task_map.put("priority", new Integer(0));
                taskDao.updateTaskPriorityByTaskId(task_map);
            }
            return false;
        }
```

```
        //如果破解空间值为 0,则返回 true,表示已破解完成
        if ((((Integer) task_map.get("keyspace")).equals(new Integer(0)))) {
            return true;
        }


        Long dispatched = 0l;
        Map<String, Object> uncompletedChunk = null;
        List<Map<String, Object>> chunkList = chunkDao.findChunkByTaskId(task_map);
        for (int i = 0, j = chunkList.size(); i < j; i++) {
            Map<String, Object> chunk_map = chunkList.get(i);
            dispatched += (Long) chunk_map.get("length");
            //根据缓存块大小进行判断,如果进度小于 10000 并且解密块客户端 id 不为
null,就把 chunk_map 赋值给 uncompletedChunk,继续运行解密任务块
            //当 uncompletedChunk 为 null、进度为 10000 或解密客户端 id 为 null 时,循环
停止
            if (uncompletedChunk == null && !((new Integer(10000)).equals((Integer)
chunk_map.get("rprogress")))
                        && (((Integer) chunk_map.get("agentId")) == null
                            || ((Integer) chunk_map.get("agentId")).equals(new Integer(0))
                            || ((Integer) chunk_map.get("agentId")).equals(((Integer)
agent_map.get("agentId"))))) {
                uncompletedChunk = chunk_map;
            }
        }


        if (!(((Integer) task_map.get("keyspace")).equals(new Long(dispatched)))) {
            return true;
        } else if (uncompletedChunk != null) {
            return true;
        }
        return false;
    }
/**
    * 方法名称:getBestTask
    * 功能简述:获取最快的任务
    * @param agent_map,priority
```

```
    */
    private Map＜String，Object＞ getBestTask（Map＜String，Object＞ agent＿map，Integer
priority）｛

        TaskBeanVO taskBeanVO ＝ new TaskBeanVO（）；
        taskBeanVO.setTask_priority（priority）；
        taskBeanVO.setHashlist_secret（（Integer）agent_map.get（"isTrusted"））；
        taskBeanVO.setTask_isCpuTask（（Integer）agent_map.get（"cpuOnly"））；
        List＜Map＜String，Object＞＞ taskList ＝ taskDao.findTaskByJoinedTasks（taskBeanVO）；
        for（int i ＝ 0，j ＝ taskList.size（）；i ＜ j；i++）｛
            Map＜String，Object＞ task_map ＝ taskList.get（i）；
            File file ＝ new File（）；
            file.setTaskFile_taskId（（Integer）task_map.get（"task_taskId"））；
            List＜Map＜String，Object＞＞ fileList ＝ taskDao.findFileByJoinedTaskFiles（file）；
            boolean allowed ＝ true；
            for（int ii ＝ 0，jj ＝ fileList.size（）；ii ＜ jj；ii++）｛
                Map＜String，Object＞ file_map ＝ fileList.get（ii）；
                //判断 hash 对象的 secret 值是否大于客户端受信任值,如果大于则不继续
往下执行,执行下次循环。
                if（（（Integer）file_map.get（"file_secret"））＞（（Integer）agent_map.get
（"isTrusted"）））｛
                    allowed ＝ false；
                ｝
            ｝
            //当 allowed 为 false,返回下一次循环,不执行后面的语句
            if（！allowed）｛
                continue；
            ｝

            task_map.put（"taskId"，（Integer）task_map.get（"task_taskId"））；
            List＜Map＜String，Object＞＞ chunkList ＝ chunkDao.findChunkByTaskId（task_
map）；

            Long dispatched ＝ 0l；
            Long sumProgress ＝ 0l；
            boolean isTimeout ＝ false；
            for（int ii ＝ 0，jj ＝ chunkList.size（）；ii ＜ jj；ii++）｛
                Map＜String，Object＞ chunk_map ＝ chunkList.get（ii）；
```

```
                sumProgress += (Long) chunk_map.get("progress");
                isTimeout = false;
                //判断进度时间戳是否小于10000和当前时间戳减去已完成的时间戳是否
大于30
                if (((Long) chunk_map.get("rprogress")) < new Long(10000)
                        && (JsonUtil.getTimestamp() - ((Integer) chunk_map.get
("solveTime"))) > 30) {
                    isTimeout = true;
                }
                //如果进度时间戳小于10000、缓存块的客户端id等于回传的客户端id或
者缓冲块客户端id为空,则执行下一次循环
                if (((Long) chunk_map.get("rprogress")) < new Long(10000)
                        && (isTimeout
                                        || ((Integer) chunk_map.get("agentId")).equals
(((Integer) agent_map.get("agentId"))))
                            || chunk_map.get("agentId") == null) {
                    continue;
                }
                dispatched += (Long) chunk_map.get("length");//把得到的缓存块数值累加
到dispatched
            }

        if (!((Long) task_map.get("task_keyspace")).equals(new Long(0))
                && dispatched.equals(((Long) task_map.get("task_keyspace")))) {
            continue;
        }

        if ((((Long) task_map.get("task_keyspace")).equals(sumProgress)
                && !((Long) task_map.get("task_keyspace")).equals(new Long(0)))
            || ((Integer) task_map.get("hashlist_cracked"))
                .equals(((Integer) task_map.get("hashlist_hashCount")))) {
        task_map.put("priority", new Integer(0));//解密任务优先级别
        for (int iii = 0, jjj = chunkList.size(); iii < jjj; iii++) {
        Map<String, Object> chunk_map_1 = chunkList.get(iii);
        chunk_map_1.put("progress", (Long) chunk_map_1.get("length"));
        chunk_map_1.put("rprogress", new Integer(10000));
        chunkDao.chunkUpdateBychunkId(chunk_map_1);
```

```
                    }
            task_map.put("progress", task_map.get("task_keyspace"));
            task_map.put("taskId", task_map.get("task_taskId"));
            taskDao.updateTaskProgressByTaskId(task_map);
            continue;
        }

    // 0 false 1 true
    boolean flag = false;
    if (!((Integer) task_map.get("isSmall")).equals(new Integer(0))) {
        flag = true;
    }
        if (flag) {
            task_map.put("taskId", task_map.get("task_taskId"));
                List < Map < String, Object > > assignmentList = assignmentDao.
findAssignmentByJoinedAgent(task_map);
            int removed = 0;
            for (int ii = 0, jj = assignmentList.size(); ii < jj; ii++) {
                Map<String, Object> assignment_map = assignmentList.get(ii);
                //如果当前时间戳减去客户端分配客户端时间戳大于30或者分配
的客户端没有被激活,则删除分配任务
                if (JsonUtil.getTimestamp() - ((Integer) assignment_map.get("agent_
lastTime")) > 30
                            || ((Integer) assignment_map.get("agent_isActive")).
equals(new Integer(0))) {
                        Assignment assignment = new Assignment();
                        assignment.setAssignmentId((Integer) assignment_map.get
("assignment_assignmentId"));
    assignmentDao.deleteAssignmentByAssignmentId(assignment);
                        removed++;
                    }
                }
            if (removed < assignmentList.size()) {
                continue;
            }
        }
        return task_map;
```

```
        }
        return null;
    }
/ **
    * 方法名称:getChunk
    * 功能简述:获取任务块
    * @ param clientRequestBeanVO,request
    */
@ Override
    public ClientRequestBeanVO getChunk ( ClientRequestBeanVO clientRequestBeanVO,
HttpServletRequest request) {
        // TODO Auto-generated method stub
        ClientRequestBeanVO retrun_clientRequestBeanVO = new ClientRequestBeanVO( );

        Map<String, Object> agent_map = new HashMap<String, Object>( );
        agent_map.put("token", clientRequestBeanVO.getToken( ));
        List<Map<String, Object>> agentList = agentDao.findAgentByToken(agent_map);
        if (agentList == null || agentList.size( ) == 0) {
    retrun_clientRequestBeanVO.setErrorInfo(clientRequestBeanVO.getAction( ), "无效的令
牌! getChunk( )...");
            return retrun_clientRequestBeanVO;
        }


        if (clientRequestBeanVO.getToken( ) == null || clientRequestBeanVO.getToken( ).
equals("")
                || clientRequestBeanVO.getTaskId( ) == null || clientRequestBeanVO.
getTaskId( ).equals("")) {
    retrun_clientRequestBeanVO.setErrorInfo(clientRequestBeanVO.getAction( ), "无效的块
查询! getChunk( )...");
            return retrun_clientRequestBeanVO;
        }

        Map<String, Object> task_map = new HashMap<String, Object>( );
        task_map.put("taskId", clientRequestBeanVO.getTaskId( ));
        List<Map<String, Object>> taskList = taskDao.findTaskByTaskId(task_map);
        if (taskList == null || taskList.size( ) == 0) {
```

```
retrun_clientRequestBeanVO.setErrorInfo(clientRequestBeanVO.getAction(), "无效的任
务! getChunk()...");
            return retrun_clientRequestBeanVO;

        }

    agent_map = agentList.get(0);
    task_map = taskList.get(0);
    Map<String, Object> assignment_map = new HashMap<String, Object>();
    assignment_map.put("agentId", (Integer) agent_map.get("agentId"));
    assignment_map.put("taskId", Integer.parseInt(clientRequestBeanVO.getTaskId
()));
            List < Map < String, Object > > assignmentList = assignmentDao.
findAssignmentByTaskIdAndAgentId(assignment_map);
        if (assignmentList == null || assignmentList.size() == 0) {
    retrun_clientRequestBeanVO.setErrorInfo(clientRequestBeanVO.getAction(), "客户端没
有分配到此任务! getChunk()...");
            return retrun_clientRequestBeanVO;
        } else if (((Integer) task_map.get("keyspace")).equals(new Integer(0))) {
    retrun_clientRequestBeanVO.setAction(clientRequestBeanVO.getAction());
            retrun_clientRequestBeanVO.setResponse("SUCCESS");
            retrun_clientRequestBeanVO.setStatus("keyspace_required");
            return retrun_clientRequestBeanVO;
        } else if (((String) assignmentList.get(0).get("benchmark")).equals("0")) {
    retrun_clientRequestBeanVO.setAction(clientRequestBeanVO.getAction());
            retrun_clientRequestBeanVO.setResponse("SUCCESS");
            retrun_clientRequestBeanVO.setStatus("benchmark");
            return retrun_clientRequestBeanVO;
        } else if (((Integer) agent_map.get("isActive")).equals(new Integer(0))) {
    retrun_clientRequestBeanVO.setErrorInfo(clientRequestBeanVO.getAction(), "客户端没
有激活! getChunk()...");
            return retrun_clientRequestBeanVO;
        }

    List<Map<String, Object>> chunkList = chunkDao.findChunkByTaskId(task_map);
    Long dispatched = 0l;
    for (int i = 0, j = chunkList.size(); i < j; i++) {
        Map<String, Object> chunk_map = chunkList.get(i);
```

//判断执行任务块客户端 id 是否为 null 或者 0 或者是否在客户端集合 id 中或者当前时间戳减去已完成时间戳是否小于 30 并且进度时间戳是否为 10000

```
        if ((chunk_map.get("agentId") == null || ((Integer) chunk_map.get
("agentId")).equals(new Integer(0))
                    || ((Integer) chunk_map.get("agentId")).equals(((Integer) agent_
map.get("agentId")))
                        || JsonUtil.getTimestamp() - ((Integer) chunk_map.get("solve
Time")) > 30)
                    && !((Integer) chunk_map.get("rprogress")).equals(new Integer
(10000))) {
            continue;
        }
        dispatched += (Long) chunk_map.get("length");
    }
    if (((Long) task_map.get("progress")).equals(((Long) task_map.get
("keyspace")))
            && ((Long) task_map.get("keyspace")).equals(dispatched)) {
    retrun_clientRequestBeanVO.setAction(clientRequestBeanVO.getAction());
        retrun_clientRequestBeanVO.setResponse("SUCCESS");
        retrun_clientRequestBeanVO.setStatus("fully_dispatched");
        return retrun_clientRequestBeanVO;
    }

    Map<String, Object> bestTask = getBestTask(agent_map, new Integer(0));
    if (bestTask != null && ((Integer) task_map.get("priority")) < ((Integer)
bestTask.get("task_priority"))) {
    retrun_clientRequestBeanVO.setErrorInfo(clientRequestBeanVO.getAction(), "有更高优
先级的任务! getChunk()...");
        return retrun_clientRequestBeanVO;
    } else if (bestTask == null) {
        if (! agentHasAccessToTask(task_map, agent_map)) {
    retrun_clientRequestBeanVO.setErrorInfo(clientRequestBeanVO.getAction(), "不允许在
这项任务上工作! getChunk()...");
            return retrun_clientRequestBeanVO;
        }
    }
```

```
                List < Map < String, Object > > chunk _ task _ List  =  chunkDao.
findChunkByTaskIdADNProgress_Length(task_map);
        assignment_map = assignmentList.get(0);
        for (int i = 0, j = chunk_task_List.size(); i < j; i++) {
            Map<String, Object> chunk_task_map = chunk_task_List.get(i);
            //判断执行任务块客户端 id 是否在客户端集合 id 中,判断非法客户端
            if (((Integer) chunk_task_map.get("agentId")).equals((Integer) agent_map.
get("agentId"))) {
                    return handleExistingChunk(chunk _ task _ map, agent _ map, task _ map,
assignment_map);
            }
            Integer timeoutTime = JsonUtil.getTimestamp() - new Integer(30);
            //如果执行任务块客户端状态为 6 或者状态为 10 或者已完成时间戳小于当
前时间戳-30 ,则返回相应的信息传送给客户端
            if (((Integer) chunk_task_map.get("state")).equals(new Integer(6))
                    || ((Integer) chunk_task_map.get("state")).equals(new Integer
(10))
                    || Math.max(((Integer) chunk_task_map.get("dispatchTime")),
                        ((Integer) chunk_task_map.get("solveTime"))) < timeoutTime)
{
                    return handleExistingChunk(chunk _ task _ map, agent _ map, task _ map,
assignment_map);
            }
        }
        return createNewChunk(agent_map, task_map, assignment_map);
    }

/**
 * 方法名称:handleExistingChunk
 * 功能简述:计算破解块速度
 * @param chunk_map,agent_map,task_map,assignment_map
 */
@ Transactional
private ClientRequestBeanVO handleExistingChunk(Map<String, Object> chunk _ map,
Map<String, Object> agent_map,
        Map<String, Object> task_map, Map<String, Object> assignment_map) {
```

```
ClientRequestBeanVO retrun_clientRequestBeanVO = new ClientRequestBeanVO();
double disptolerance = 1.0 + 20.0 / 100.0;
double agentChunkSize = calculateChunkSize((Long) task_map.get("keyspace"),
        (String) assignment_map.get("benchmark"), (Integer) task_map.get("
chunk Time"), new Double(1));
        double agentChunkSizeMax = calculateChunkSize((Long) task_map.get("
keyspace"),
            (String) assignment_map.get("benchmark"), (Integer) task_map.get("
chunk Time"), disptolerance);
    if (((Long) chunk_map.get("progress")).equals(new Long(0))
            && agentChunkSizeMax > ((Long) chunk_map.get("length")).
doubleValue()) {
        Map<String, Object> chunk_handle_map = new HashMap<String, Object>();
        chunk_handle_map.put("chunkId", (Integer) chunk_map.get("chunkId"));
        chunk_handle_map.put("rprogress", new Integer(0));
        chunk_handle_map.put("dispatchTime", JsonUtil.getTimestamp());
        chunk_handle_map.put("solveTime", new Integer(0));
        chunk_handle_map.put("state", new Integer(0));
        chunk_handle_map.put("agentId", (Integer) agent_map.get("agentId"));
        chunkDao.chunkUpdate_HandleBychunkId(chunk_handle_map);
        retrun_clientRequestBeanVO.setAction("chunk");
        retrun_clientRequestBeanVO.setResponse("SUCCESS");
        retrun_clientRequestBeanVO.setStatus("OK");
        retrun_clientRequestBeanVO.setChunk(((Integer) chunk_map.get("
chunkId")).toString());
        retrun_clientRequestBeanVO.setSkip(((Long) chunk_map.get("skip")).
toString());
        retrun_clientRequestBeanVO.setLength(((Long) chunk_map.get("length")).
toString());
        return retrun_clientRequestBeanVO;
    } else if (((Long) chunk_map.get("progress")).equals(new Long(0))) {
        Long originalLength = (Long) chunk_map.get("length");
        Map<String, Object> chunk_handle_map = chunk_map;
        chunk_handle_map.put("length", new Long(agentChunkSize + ""));
        chunk_handle_map.put("agentId", (Integer) agent_map.get("agentId"));
        chunk_handle_map.put("dispatchTime", JsonUtil.getTimestamp());
        chunk_handle_map.put("solveTime", new Integer(0));
```

```
            chunk_handle_map.put("state", new Integer(0));
            chunk_handle_map.put("rprogress", new Integer(0));
            chunk_handle_map.put("chunkId", (Integer) chunk_map.get("chunkId"));
chunkDao.chunkUpdate_Handle_else_BychunkId(chunk_handle_map);
            Chunk chunk = new Chunk();
            chunk.setChunkId(new Integer(0));
            chunk.setTaskId((Integer) task_map.get("taskId"));
            chunk.setSkip((Long) chunk_handle_map.get("skip") + (Long) chunk_handle
_map.get("length"));
            chunk.setLength(originalLength - (Long) chunk_handle_map.get("length"));
            chunk.setAgentId(null);
            chunk.setDispatchTime(new Integer(0));
            chunk.setProgress(new Long(0));
            chunk.setRprogress(new Integer(0));
            chunk.setState(new Integer(0));
            chunk.setCracked(new Integer(0));
            chunk.setSolveTime(new Integer(0));
            chunk.setSpeed(new Long(0));
            chunkDao.saveChunk(chunk);

            retrun_clientRequestBeanVO.setAction("chunk");
            retrun_clientRequestBeanVO.setResponse("SUCCESS");
            retrun_clientRequestBeanVO.setStatus("OK");
            retrun_clientRequestBeanVO.setChunk(((Integer) chunk_handle_map.get("
chunkId")).toString());
                retrun_clientRequestBeanVO.setSkip(((Long) chunk_handle_map.get("
skip")).toString());
                retrun_clientRequestBeanVO.setLength(((Long) chunk_handle_map.get("
length")).toString());

            return retrun_clientRequestBeanVO;
        } else {
        Chunk chunk = new Chunk();
        chunk.setChunkId(new Integer(0));
        chunk.setTaskId((Integer) task_map.get("taskId"));
        chunk.setSkip((Long) chunk_map.get("skip") + (Long) chunk_map.get("
progress"));
```

```
            chunk.setLength((Long) chunk_map.get("length") - (Long) chunk_map.get("
progress"));
            chunk.setAgentId((Integer) agent_map.get("agentId"));
            chunk.setDispatchTime(JsonUtil.getTimestamp());
            chunk.setProgress(new Long(0));
            chunk.setRprogress(new Integer(0));
            chunk.setState(new Integer(0));
            chunk.setCracked(new Integer(0));
            chunk.setSolveTime(new Integer(0));
            chunk.setSpeed(new Long(0));

            Map<String, Object> chunk_handle_map = new HashMap<String, Object>();
            chunk_handle_map.put("length", (Long) chunk_map.get("progress"));
            chunk_handle_map.put("rprogress", new Integer(10000));
            chunk_handle_map.put("state", new Integer(9));
            chunk_handle_map.put("chunkId", (Integer) chunk_map.get("chunkId"));
            chunkDao.chunkUpdate_Handle_end_BychunkId(chunk_handle_map);
            chunkDao.saveChunk(chunk);
            retrun_clientRequestBeanVO.setAction("chunk");
            retrun_clientRequestBeanVO.setResponse("SUCCESS");
            retrun_clientRequestBeanVO.setStatus("OK");
            retrun_clientRequestBeanVO.setChunk(chunk.getChunkId().toString());
            retrun_clientRequestBeanVO.setSkip(chunk.getSkip().toString());
            retrun_clientRequestBeanVO.setLength(chunk.getLength().toString());

            return retrun_clientRequestBeanVO;
        }
    }
}
```

关于hash码的业务集合如下所示。

```
package com.goldcow.emanage.sysmanage.service.impl;

import java.io.BufferedReader;
import java.io.File;
```

```
import java.io.FileInputStream;
import java.io.InputStream;
import java.io.InputStreamReader;
import java.util.ArrayList;
import java.util.HashMap;
import java.util.List;
import java.util.Map;

import javax.servlet.http.HttpServletRequest;

import org.apache.commons.io.FileUtils;
import org.slf4j.Logger;
import org.slf4j.LoggerFactory;
import org.springframework.beans.factory.annotation.Autowired;
import org.springframework.stereotype.Service;
import org.springframework.transaction.annotation.Transactional;

import com.goldcow.emanage.sysmanage.persist.AssignmentDao;
import com.goldcow.emanage.sysmanage.persist.ChunkDao;
import com.goldcow.emanage.sysmanage.persist.HashDao;
import com.goldcow.emanage.sysmanage.persist.HashListDao;
import com.goldcow.emanage.sysmanage.persist.HashlistAgentDao;
import com.goldcow.emanage.sysmanage.persist.NotificationSettingDao;
import com.goldcow.emanage.sysmanage.persist.SuperHashlistHashlistDao;
import com.goldcow.emanage.sysmanage.persist.TaskDao;
import com.goldcow.emanage.sysmanage.persist.TaskFileDao;
import com.goldcow.emanage.sysmanage.persist.ZapDao;
import com.goldcow.emanage.sysmanage.service.IHashListService;
import com.goldcow.emanage.util.gen.entity.Assignment;
import com.goldcow.emanage.util.gen.entity.Chunk;
import com.goldcow.emanage.util.gen.entity.Hash;
import com.goldcow.emanage.util.gen.entity.HashList;
import com.goldcow.emanage.util.gen.entity.HashlistAgent;
import com.goldcow.emanage.util.gen.entity.NotificationSetting;
import com.goldcow.emanage.util.gen.entity.SuperHashlistHashlist;
import com.goldcow.emanage.util.gen.entity.Task;
import com.goldcow.emanage.util.gen.entity.TaskFile;
```

```
import com.goldcow.emanage.util.gen.entity.Zap;
import com.goldcow.sframe.util.JsonUtil;
import com.google.gson.Gson;

/**
 * hash 集合业务类
 */

@Service("iHashListService")
public class HashListServiceImpl implements IHashListService {

    private static Logger log = LoggerFactory.getLogger(HashListServiceImpl.class);

    @Autowired
    private HashListDao hashListDao;
    @Autowired
    private HashDao hashDao;
    @Autowired
    private ZapDao zapDao;
    @Autowired
    private NotificationSettingDao notificationSettingDao;
    @Autowired
    private TaskDao taskDao;
    @Autowired
    private SuperHashlistHashlistDao superHashlistHashlistDao;
    @Autowired
    private TaskFileDao taskFileDao;
    @Autowired
    private ChunkDao chunkDao;
    @Autowired
    private AssignmentDao assignmentDao;
    @Autowired
    private HashlistAgentDao hashlistAgentDao;
    /**
     * 方法名称:saveHash
     * 功能简述:添加 hash
     * @param request,hashList
```

```
        */
    @Override
    @Transactional
    public String saveHash(HttpServletRequest request, HashList hashList) {
        //xml 文件对应 ID 的功能是插入表 hashlist 数据
        int temp_hashList = hashListDao.saveHashList(hashList);//返回插入成功数据的行数
        List<Map<String, Object>> temp = new ArrayList<Map<String, Object>>();
        Gson gson = new Gson();

        if (temp_hashList > 0) {
            try {
                String path = "d:/xad_yuan/".concat(JsonUtil.getTimestamp() + ".txt");//文
件地址。getTimestamp()获取时间差
                InputStream is = hashList.getFileName().getInputStream();
                File f = new File(path);//创建空文档
                FileUtils.copyInputStreamToFile(is, f);//将 is 读取到的数据拷贝到 f 中

                InputStreamReader read = new InputStreamReader(new FileInputStream(f), "utf-
8");// 考虑到编码格式
                BufferedReader bufferedReader = new BufferedReader(read);
                String lineTxt = null;
                int num_temp = 1;
                List<Hash> hash_list =   new ArrayList<Hash>();
                Hash temp_hash = null;
                temp_hashList = hashListDao.maxHashListId();//获取 hashlist 中最大 id
                int num_count = 0;
                while ((lineTxt = bufferedReader.readLine()) ! = null) {
                    num_count ++ ;
                    temp_hash = new Hash();
                    temp_hash.setHashlistId(temp_hashList);
                    int last_temp = lineTxt.lastIndexOf(":");//查找":"在 lineTxt 中最后一次出
现的位置
                    if(last_temp > 0){
                        //该行数据":"存在,即 salt 值存在
                        String lineTxt_1 = lineTxt.substring(0, lineTxt.lastIndexOf(":"));//获取
lineTxt 中的 hash 码
```

```
            String lineTxt_2 = lineTxt.substring(lineTxt.lastIndexOf(":")+1);//获取
lineTxt 中 hash 码的 salt 值
            temp_hash.setHash(lineTxt_1);
            temp_hash.setSalt(lineTxt_2);
        }else{
            //":"不存在,即 salt 值不存在
            temp_hash.setSalt("");
            temp_hash.setHash(lineTxt);
        }
        temp_hash.setPlaintext("");//破解后的密码明文
        temp_hash.setTime(0);//破解时间
        temp_hash.setChunkId(null);//破解块 ID
        temp_hash.setIsCracked(0);//hash 是否破解成功

        hash_list.add(temp_hash);
        //数据超过 3000 条,分配新内存
        if(num_temp > 3000){
            hashDao.saveHash(hash_list);
            num_temp = 1;
            hash_list = new ArrayList<Hash>();
        }
            num_temp++;
        }
        if(num_temp > 1){
            hashDao.saveHash(hash_list);
        }
        Map<String, Object> m = new HashMap<String, Object>();
        m.put("hashCount", num_count);
        m.put("hashlistId", temp_hashList);
        hashListDao.updateHashListHashCount(m);
        read.close();

        Map<String, Object> mm = new HashMap<String, Object>();
        mm.put("success", "添加解密任务成功!");
        temp.add(mm);
        return gson.toJson(temp);//对数据进行序列化
    } catch (Exception e) {
```

```
            // TODO Auto-generated catch block
            e.printStackTrace();
            Map<String, Object> m = new HashMap<String, Object>();
            m.put("error", "添加解密任务失败!");
            temp.add(m);
            return gson.toJson(temp);
        }
    } else {
        Map<String, Object> m = new HashMap<String, Object>();
        m.put("error", "添加解密任务失败!");
        temp.add(m);
        return gson.toJson(temp);
    }
}
/**
 * 方法名称:findHashListAll
 * 功能简述:查看所有 hash 集合
 * 查询数据库中所破解任务的 hash 列表信息并降序排列
 */
@Override
public String findHashListAll() {
    String resultJson = "";
    List<Map<String, Object>> hashList = hashListDao.findHashListAll();
    Gson gson = new Gson();
    resultJson = gson.toJson(hashList);
    return resultJson;
}
/**
 * 方法名称:findHashListAllByHashType
 * 功能简述:根据 hash 类型查看 hash 集合
 * @param hashlist
 */

@Override
public String findHashListAllByHashType(HashList hashlist) {
    String resultJson = "";
```

```
        hashlist.setOffset((hashlist.getOffset() - 1) * hashlist.getPagesize());
        hashlist.setPagesize(hashlist.getPagesize());

        int total = hashListDao.countHashList();

        List<Map<String, Object>> hashList = hashListDao.findHashListAllByHashType
(hashlist);
        resultJson = JsonUtil.getResultJson(total, hashList);
        return resultJson;
    }
/**
    * 方法名称:deleteHashList
    * 功能简述:删除 hash 集合
    * @param hashlist
    */

    @Override
    @Transactional
    public String deleteHashList(HashList hashList) {
        int temp_hashListId = hashList.getHashlistId();

        Zap zap = new Zap();
        zap.setHashlistId(temp_hashListId);
        zapDao.deleteZap(zap);

        Map<String, Object> temp_notificationSettingMap = new HashMap<String, Object>
();
        temp_notificationSettingMap.put("objectId", temp_hashListId);
        List<Map<String, Object>> notificationSettingList = notificationSettingDao.
findNotificationSettingById(temp_notificationSettingMap);
        for(int i=0,j=notificationSettingList.size();i<j;i++){
            String temp_action = (String)notificationSettingList.get(i).get("action");
            //判断是否有通知,如果有通知则从通知集合中迭代出每个通知内容
            //如果通知内容的 action 为 hashlist,就根据 temp_notificationSettingId 删除对
应的通知集合内容
            if(temp_action != null && temp_action.equals("hashlist")){
```

```
                Integer temp_notificationSettingId = (Integer)notificationSettingList.get(i).
get("notificationSettingId");
                NotificationSetting notificationSetting = new NotificationSetting();
    notificationSetting.setNotificationSettingId(temp_notificationSettingId);
    notificationSettingDao.deleteNotificationSettingByHashListId(notificationSetting);
            }
        }

        SuperHashlistHashlist superHashlistHashlist = new SuperHashlistHashlist();
        superHashlistHashlist.setHashlistId(temp_hashListId);
    superHashlistHashlistDao.deleteSuperHashlistHashlistByHashListId(superHashlistHashlist);

        int temp_countHashList = hashListDao.countHashList();//查询 hashlist 数据条数
        if(temp_countHashList > 1){
            int temp_$deleted = 1;//如果有数据,temp_$deleted 赋值为 1
            while(temp_$deleted > 0){
                Hash hash = new Hash();
                hash.setHashlistId(temp_hashListId);//设置 hashId 为 temp_hashId
                temp_$deleted = hashDao.deleteHashByHashListId(hash);//从 hashlist
集合中删除对应的 hashId 记录,返回删除成功数据的条数
            }
        } else {
            hashDao.truncateTable("hash");//数据库中清空表"hash"
        }

        Map<String, Object> temp_task = new HashMap<String, Object>();
        temp_task.put("hashlistId", temp_hashListId);
        List<Map<String, Object>> taskList = taskDao.findTaskByHashListId(temp_task);
        for(int i=0,j=taskList.size();i<j;i++){
            int temp_taskId = (Integer)taskList.get(i).get("taskId");

        TaskFile temp_taskFile = new TaskFile();
        temp_taskFile.setTaskId(temp_taskId);
        taskFileDao.deleteTaskFileBytaskId(temp_taskFile);//删除对应的解密任务跑
的字典文件信息

        Chunk temp_chunk = new Chunk();
```

```
        temp_chunk.setTaskId(temp_taskId);
         chunkDao.deleteChunkBytaskId(temp_chunk);//删除对应的解密缓存块对应
的速度、任务 Id 等信息

        Assignment temp_assignment = new Assignment();
        temp_assignment.setTaskId(temp_taskId);
        assignmentDao.deleteAssignmentBytaskId(temp_assignment);//删除对应的已分
配任务内容

        Task task = new Task();
        task.setTaskId(temp_taskId);
        taskDao.deleteTaskBytaskId(task);//删除对应的解密任务信息,解密类型,规
则活字典,解密速度等信息
        }

        HashlistAgent temp_hashlistAgent = new HashlistAgent();
        temp_hashlistAgent.setHashlistId(temp_hashListId);
        hashlistAgentDao.deleteHashlistAgentByHashListId(temp_hashlistAgent);

        HashList temp_hashList = new HashList();
        temp_hashList.setHashlistId(temp_hashListId);
        hashListDao.deleteHashList(hashList);//删除对应的 hashlist 内容

        Gson gson = new Gson();
        String temp = "删除解密任务成功!";
        return gson.toJson(temp);
    }
/**

    * 方法名称:hashListShow
    * 功能简述:显示 hahs 集合
    * 为前台显示准备基础数据,如破解任务名、破解类型、破解速度、成功破解个数等数
据信息
    * @param hashList
    */

    @Override
    public String hashListShow(HashList hashList) {
```

```
        String resultJson = "";
        Map<String, Object> temp_map = new HashMap<String, Object>();
        temp_map.put("hashlistId", hashList.getHashlistId());

        temp_map.put("offset", (hashList.getOffset() - 1) * hashList.getPagesize());
        temp_map.put("pagesize", hashList.getPagesize());

        int total = taskDao.countTaskByHashListId(temp_map);//解密任务总数

        List<Map<String, Object>> temp_taskList = taskDao.findTaskByHashListId(temp_map);
        List<Map<String, Object>> temp_taskList_list = new ArrayList<Map<String,Object>>();
        for(int i=0,j=temp_taskList.size();i<j;i++){
            Map<String, Object> temp_taskMap = temp_taskList.get(i);
            List<Map<String, Object>> temp_chunkList = chunkDao.findChunkByTaskId(temp_taskMap);
            Map<String, Object> temp = new HashMap<String, Object>();
            temp.put("dispatched", (Long)temp_taskMap.get("progress"));
            temp.put("searched",new Long(0));
            temp.put("cracked",0);
            temp_taskMap.put("imgurl", "");

            long currentSpeed = 0;
            for(int ii=0,jj=temp_chunkList.size();ii<jj;ii++){
                Map<String, Object> temp_chunkMap = temp_chunkList.get(ii);
                temp.put("searched", (Long)temp.get("searched")+(Long)temp_chunkMap.get("progress"));
                temp.put("cracked", (Integer)temp.get("cracked")+(Integer)temp_chunkMap.get("cracked"));
                //判断时间戳减去300是否小于已完成时间戳
                if(JsonUtil.getTimestamp() - 300 < Math.max((Integer)temp_chunkMap.get("dispatchTime"), (Integer)temp_chunkMap.get("solveTime"))){
                    temp_taskMap.put("imgurl", "../../Images/active.gif");
                }

                if(JsonUtil.getTimestamp() - Math.max((Integer)temp_chunkMap.get("dispatchTime"), (Integer)temp_chunkMap.get("solveTime")) < 300 && (Integer)temp_chunkMap.get("rprogress") < 10000){
                    currentSpeed += (long)temp_chunkMap.get("speed");
System.out.println((long)temp_chunkMap.get("speed")+"---------------------");
```

```
            }
        }

            temp_taskMap.put("currentSpeed", JsonUtil.nicenum(currentSpeed, 100000,
1000));
            //判断 keyspace 是否大于 0 并且进度时间戳是否等于 keyspace
            if((Long)temp_taskMap.get("keyspace") > 0 && ((Long)temp_taskMap.get
("progress")).equals((Long)temp_taskMap.get("keyspace"))){
                temp_taskMap.put("imgurl", "../../Images/check.png");
            }
            temp_taskMap.put("searched", (Long)temp.get("searched"));
            temp_taskMap.put("dispatched", (Long)temp.get("dispatched"));
            temp_taskMap.put("cracked", (Integer)temp.get("cracked"));

            temp_taskMap.put("allocationProgress", JsonUtil.showPerc((Long)temp_
taskMap.get("dispatched"), (Long)temp_taskMap.get("keyspace")));
            temp_taskMap.put("decryptionProgress", JsonUtil.showPerc((Long)temp_
taskMap.get("searched"), (Long)temp_taskMap.get("keyspace")));
            temp_taskList_list.add(temp_taskMap);
        }

        resultJson = JsonUtil.getResultJson(total, temp_taskList_list);
        return resultJson;
    }
}
```

7.4 客户端主机模块设计

客户端 DAO XML 设计示例如下。

```
<? xml version="1.0" encoding="UTF-8"? >
<! DOCTYPE mapper
  PUBLIC "-//mybatis.org//DTD Mapper 3.0//EN"
  "http://mybatis.org/dtd/mybatis-3-mapper.dtd">
<mapper namespace="cn.easyproject.easyee.sm.xad.dao.AgentDAO">

    <delete id="delete">
        delete from agent where agentId=#{agentId}
    </delete>
```

```
<update id="update">
    update agent set isActive=#{isactive} where agentId=#{agentId}
</update>

<delete id="deleteByIds">
    delete from agent
    WHERE agentId in
      <foreach item="item" index="index" collection="array"
          open="(" separator="," close=")">
            #{item}
      </foreach>
</delete>

<select id="pagination" resultType="Agent">
    ${autoSQL}
</select>

<select id="countErrorTemp" resultType="int">
    select count(*) from agent where errorTemp = 1;
</select>

<update id="updateErrorTemp">
    update agent set errorTemp = 0;
</update>

<update id="updateAgentIsActive">
    update agent set isActive = #{isActive};
</update>

</mapper>
```

AgentDAO 客户端 DAO 接口设计示例如下。

```
package cn.easyproject.easyee.sm.xad.dao;

import java.io.Serializable;
import java.util.List;
import cn.easyproject.easyee.sm.base.pagination.PageBean;
import cn.easyproject.easyee.sm.xad.entity.Agent;

public interface AgentDAO {
```

```
    public void delete(Serializable agentId);
    @SuppressWarnings("rawtypes")
    public List pagination(PageBean pageBean);
    public void deleteByIds(String[] agentId);
    public void update(Agent agent);
    public int countErrorTemp();
    public void updateErrorTemp();
    public void updateAgentIsActive(Serializable isActive);
}
```

AgentService 客户端服务接口设计示例如下。

```
package cn.easyproject.easyee.sm.xad.service;

import java.io.Serializable;
import org.springframework.transaction.annotation.Transactional;
import cn.easyproject.easyee.sm.base.pagination.PageBean;
import cn.easyproject.easyee.sm.xad.criteria.AgentCriteria;
import cn.easyproject.easyee.sm.xad.entity.Agent;

@Transactional
public interface AgentService {

    @SuppressWarnings("rawtypes")
    @Transactional(readOnly=true)
    public void findByPage(PageBean pageBean, AgentCriteria agentCriteria);

    public void delete(Serializable agentId);
    public void deleteByIds(String[] agentId);
    public void update(Agent agent);
    public int countErrorTemp();
    public void updateErrorTemp();
    public void updateAgentIsActive(Serializable isActive);
}
```

AgentServiceImpl 客户端服务接口实现示例如下。

157

```java
package cn.easyproject.easyee.sm.xad.service.impl;

import java.io.Serializable;
import java.util.List;
import javax.annotation.Resource;
import org.springframework.stereotype.Service;
import org.springframework.transaction.annotation.Transactional;
import cn.easyproject.easyee.sm.base.pagination.PageBean;
import cn.easyproject.easyee.sm.base.service.BaseService;
import cn.easyproject.easyee.sm.xad.criteria.AgentCriteria;
import cn.easyproject.easyee.sm.xad.dao.AccessGroupAgentDAO;
import cn.easyproject.easyee.sm.xad.dao.AgentDAO;
import cn.easyproject.easyee.sm.xad.dao.AgentErrorDAO;
import cn.easyproject.easyee.sm.xad.dao.AgentZapDAO;
import cn.easyproject.easyee.sm.xad.dao.AssignmentDAO;
import cn.easyproject.easyee.sm.xad.dao.ChunkDAO;
import cn.easyproject.easyee.sm.xad.dao.ZapDAO;
import cn.easyproject.easyee.sm.xad.entity.Agent;
import cn.easyproject.easyee.sm.xad.entity.Chunk;
import cn.easyproject.easyee.sm.xad.service.AgentService;

@Service("agentService")
public class AgentServiceImpl extends BaseService implements AgentService{

    @Resource
    AgentDAO agentDAO;

    @Resource
    AssignmentDAO assignmentDAO;

    @Resource
    AgentErrorDAO agentErrorDAO;

    @Resource
    AgentZapDAO agentZapDAO;

    @Resource
```

```java
    ZapDAO zapDAO;

    @Resource
    AccessGroupAgentDAO accessGroupAgentDAO;

    @Resource
    ChunkDAO chunkDAO;

    @SuppressWarnings({"rawtypes"})
    @Override
    public void findByPage(PageBean pageBean, AgentCriteria agentCriteria) {
        // TODO Auto-generated method stub
        pageBean.setFrom(" agent a ");
        pageBean.setSelect(" a.agentId, a.agentName, "
                + "replace(a.devices,'\n','<br />') as devices, "
                + "if(a.os=1,\"Windows\",\"Linux\") as os, "
                + "if(a.isActive=1,\"已激活\",\"未激活\") as isActive, "
                + "a.lastIp, "
                    + " FROM_UNIXTIME(a.lastTime,'%Y-%m-%d %H:%I:%S') as
lastTime");
        pageBean.setEasyCriteria(agentCriteria);
        // 按条件分页查询
        agentDAO.pagination(pageBean);
    }

    @Override
    public void delete(Serializable agentId) {
        // TODO Auto-generated method stub
        agentDAO.delete(agentId);
    }

    @Override
    @Transactional
    public void deleteByIds(String[] agentId) {
        // TODO Auto-generated method stub
        for(int i=0; i<agentId.length; i++) {
            assignmentDAO.delete(agentId[i]);
```

```
                agentErrorDAO.delete(agentId[i]);
                agentZapDAO.delete(agentId[i]);
                zapDAO.update(agentId[i]);
                accessGroupAgentDAO.delete(agentId[i]);

                List<Chunk> list_chunk = chunkDAO.getChunkByAgentId(agentId[i]);
                for(Chunk c : list_chunk) {
                    chunkDAO.update(c.getAgentId());
                }
            }
        agentDAO.deleteByIds(agentId);
    }


    @Override
    public void update(Agent agent) {
        // TODO Auto-generated method stub
        agentDAO.update(agent);
    }


    @Override
    public int countErrorTemp() {
        // TODO Auto-generated method stub
        return agentDAO.countErrorTemp();
    }


    @Override
    public void updateErrorTemp() {
        // TODO Auto-generated method stub
        agentDAO.updateErrorTemp();
    }


    @Override
    public void updateAgentIsActive(Serializable isActive) {
        // TODO Auto-generated method stub
        agentDAO.updateAgentIsActive(isActive);
    }
}
```

AgentController 客户端控制器设计示例如下。

```
package cn.easyproject.easyee.sm.xad.controller;

import java.util.Map;
import javax.annotation.Resource;
import org.apache.ibatis.annotations.Param;
import org.slf4j.Logger;
import org.slf4j.LoggerFactory;
import org.springframework.web.bind.annotation.RequestMapping;
import org.springframework.web.bind.annotation.RestController;
import org.springframework.web.servlet.ModelAndView;
import cn.easyproject.easyee.sm.base.controller.BaseController;
import cn.easyproject.easyee.sm.base.pagination.PageBean;
import cn.easyproject.easyee.sm.base.util.StatusCode;
import cn.easyproject.easyee.sm.xad.criteria.AgentCriteria;
import cn.easyproject.easyee.sm.xad.entity.Agent;
import cn.easyproject.easyee.sm.xad.service.AgentService;

/**
 * 客户端主机
 * @author zl
 *
 */

@RestController
@RequestMapping("agent")
public class AgentController extends BaseController{

    public static Logger logger = LoggerFactory.getLogger(AgentController.class);

    @Resource
    private AgentService agentService;

    @RequestMapping("page")
    public ModelAndView page(ModelAndView mv){
        mv.setViewName("main/xad/agent");
```

```java
        return mv;
    }

    @SuppressWarnings("rawtypes")
    @RequestMapping("list")
    public Map<Object,Object> list(AgentCriteria agentCriteria) {
        PageBean pb = super.getPageBean();
        agentService.findByPage(pb,agentCriteria);
        return super.setJsonPaginationMap(pb);
    }


    @RequestMapping("delete")
    public Map<Object,Object> delete(String[] agentId) {
        try {
            agentService.deleteByIds(agentId);
        } catch (Exception e) {
            e.printStackTrace();
            super.setStatusCode(StatusCode.ERROR);

        }
        return super.setJsonMsgMap();
    }


    @RequestMapping("update")
    public Map<Object,Object> update(@Param("agentId") String agentId, @Param
("isActive") String isActive) {
        try {
            Agent agent = new Agent();
            agent.setAgentId(new Integer(agentId));
            agent.setIsactive(new Integer(isActive));
            agentService.update(agent);
        } catch (Exception e) {
            e.printStackTrace();
            super.setStatusCode(StatusCode.ERROR);

        }
        return super.setJsonMsgMap();
    }
}
```

Agent 页面显示示例如下。

```
<%@ page language="java" import="java.util.*" pageEncoding="UTF-8"%>
<%
    String path = request.getContextPath();
    String basePath = request.getScheme() + "://" + request.getServerName() + ":" +
request.getServerPort()
            + path + "/";
%>
<%@ taglib uri="http://www.springframework.org/tags" prefix="s"%>
<%@ taglib uri="http://shiro.apache.org/tags" prefix="shiro"%>


<%-- 1.页面 Datagrid 初始化相关 JS --%>
<%-- JS 代码必须包含在页面中,引入外部 JS 文件会导致表格界面在未完成初始化前就显
示,出现短暂的未初始化界面 --%>
<script type="text/javascript">
    function checkClick(o) {
        var _isActive = 0;
        if (o.checked == true) {
            _isActive = 1;
        }
        $.ajax({
            type: "POST",
            url: "agent/update",
            data: {
                "agentId": o.value,
                "isActive": _isActive
            },
            async: false,
            success: function(json) {
                uiEx.msg("修改完成!");
                $("#agentDataGrid").datagrid("load", {});
            }
        });
    }


    function isActive_formatter(value, row) {
```

```
        if ( value = = '已激活') {
            return '<input type = "checkbox" value = ' + row.agentId + ' onclick = "checkClick
(this)" id = "DataGridCheckbox" name = "DataGridCheckbox" checked = "checked">';
        } else {
            return '<input type = "checkbox" value = ' + row.agentId + ' onclick = "checkClick
(this)" id = "DataGridCheckbox" name = "DataGridCheckbox">';
        }
    }
    //部门操作命名空间
    var Agent = {};
    $ (function() {
        /*
         * datagrid 数据格式化
         */
        /*
         * 数据表格初始化
         */
        var dg = $ ("#agentDataGrid");
        $ ("#agentDataGrid").initEdatagrid({
            url : "agent/list",
            destroyUrl : "agent/delete",
            idField : "agentId",
            showMsg : true, // 显示操作消息
            showContextMenu : true,
            fit: true,
            pageSize:100,
            pageList:[100,150,200],
            sendRowDataPrefix : "", //提交数据前缀
            pagination : true,
            checkbox : true,
            checkOnSelect : true,
            singleSelect : false,
            scrollbarSize : 0,
            showMsg : true, // 显示操作消息
            successKey : "statusCode", //服务器端返回的成功标记 key
            successValue : "200" //服务器端返回的成功标记 value
        });
```

```
        });
</script>


<%-- 2.页面内容 --%>
<table id="agentDataGrid" title="客户端列表" style="width：100%"
    toolbar="#agentToolbar" idField="agentId" rownumbers="true"
    fitColumns="true" nowrap="false">
    <thead>
        <tr>
            <th field="agentId" checkbox="true" width="50" sortable="true">多选框
</th>
            <th field="agentName" width="50">用户</th>
            <th field="devices" width="100">GPU/CPU</th>
            <th field="os" width="50">操作系统</th>
            <th field="lastIp" width="50">IP 地址</th>
            <th field="lastTime" width="50">最后登录时间</th>
            <th field="isActive" width="50" formatter="isActive_formatter">是否激活
</th>
        </tr>
    </thead>
</table>


<div id="agentToolbar">
    <div>
        <shiro:hasPermission name="agentDeleteShow">
            <a class="easyui-linkbutton" iconCls="icon-remove" plain="true"
                onclick="$('#agentDataGrid').edatagrid('destroyRow')">删除客户端
</a>
        </shiro:hasPermission>
    </div>
</div>
```

7.5 破解结果模块设计

CrackDAO.xml 配置文件如下所示。

```xml
<? xml version = "1.0" encoding = "UTF-8" ? >
<! DOCTYPE mapper
  PUBLIC "-//mybatis.org//DTD Mapper 3.0//EN"
  "http://mybatis.org/dtd/mybatis-3-mapper.dtd" >
<mapper namespace = "cn.easyproject.easyee.sm.xad.dao.CrackDAO" >

    <select id = "pagination" resultType = "cn.easyproject.easyee.sm.xad.dto.HashlistDTO" >
        $ {autoSQL}
    </select>

</mapper>
```

CrackDAO 数据库接口示例如下。

```java
package cn.easyproject.easyee.sm.xad.dao;

import java.util.List;

import cn.easyproject.easyee.sm.base.pagination.PageBean;

public interface CrackDAO {

    @SuppressWarnings("rawtypes")
    public List pagination(PageBean pageBean);
}
```

CrackService 业务接口示例如下。

```java
package cn.easyproject.easyee.sm.xad.service;

import java.io.Serializable;
import java.util.List;

import org.springframework.transaction.annotation.Transactional;

import cn.easyproject.easyee.sm.base.pagination.PageBean;
```

```java
import cn.easyproject.easyee.sm.xad.criteria.CrackCriteria;
import cn.easyproject.easyee.sm.xad.export.CrackExport;

@Transactional
public interface CrackService {

    @SuppressWarnings("rawtypes")
    @Transactional(readOnly=true)
    public void findByPage(PageBean pageBean, CrackCriteria crackCriteria);

    public List<CrackExport> getHashById(Serializable hashlistId);
}
```

CrackServiceImpl 业务接口实现示例如下。

```java
package cn.easyproject.easyee.sm.xad.service.impl;

import java.io.Serializable;
import java.util.List;
import javax.annotation.Resource;
import org.springframework.stereotype.Service;
import cn.easyproject.easyee.sm.base.pagination.PageBean;
import cn.easyproject.easyee.sm.xad.criteria.CrackCriteria;
import cn.easyproject.easyee.sm.xad.dao.CrackDAO;
import cn.easyproject.easyee.sm.xad.dao.HashDAO;
import cn.easyproject.easyee.sm.xad.export.CrackExport;
import cn.easyproject.easyee.sm.xad.service.CrackService;

@Service("crackService")
public class CrackServiceImpl    implements CrackService {

    @Resource
    CrackDAO crackDAO;

    @Resource
    HashDAO hashDAO;
```

```java
@ SuppressWarnings ( { "rawtypes" } )
@ Override
public void findByPage ( PageBean pageBean, CrackCriteria crackCriteria ) {
    // TODO Auto-generated method stub
    pageBean.setPageNo ( 1 ) ;
    pageBean.setRowsPerPage ( 100 ) ;

    String sql = " SELECT " +
        "     CONCAT ( CONVERT ( 'Hashlist'.'cracked'/'Hashlist'.'hashCount', DECIMAL
( 15,2 ) ) * 100,\"%\" ) "
            + " AS 'hashlist_percentage', " +
            " 'Hashlist'.'hashlistId' AS 'hashlist_hashlistId', " +
            " 'Hashlist'.'hashlistName' AS 'hashlist_hashlistName', " +
            " 'Hashlist'.'format' AS 'hashlist_format', " +
            " 'Hashlist'.'hashTypeId' AS 'hashlist_hashTypeId', " +
            " 'Hashlist'.'hashCount' AS 'hashlist_hashCount', " +
            " 'Hashlist'.'saltSeparator' AS 'hashlist_saltSeparator', " +
            " 'Hashlist'.'cracked' AS 'hashlist_cracked', " +
            " 'Hashlist'.'isSecret' AS 'hashlist_isSecret', " +
            " 'Hashlist'.'hexSalt' AS 'hashlist_hexSalt', " +
            " 'Hashlist'.'isSalted' AS 'hashlist_isSalted', " +
            " 'Hashlist'.'accessGroupId' AS 'hashlist_accessGroupId', " +
            " 'HashType'.'hashTypeId' AS 'hashType_hashTypeId', " +
            " 'HashType'.'description' AS 'hashType_description', " +
            " 'HashType'.'isSalted' AS 'hashType_isSalted' " +
            " FROM " +
            " Hashlist " +
            " INNER JOIN HashType ON Hashlist.hashTypeId = HashType.hashTypeId " +
            " WHERE " +
            " Hashlist.format <>3 " +
            " AND accessGroupId IN ( 1 ) " +
            " ORDER BY " +
            " Hashlist.hashlistId DESC " ;
    pageBean.setSql ( sql ) ;

    String count = " select count ( * ) from ( SELECT " +
```

```
            " 'Hashlist'.'hashlistId' AS 'Hashlist.hashlistId', " +
            " 'Hashlist'.'hashlistName' AS 'Hashlist.hashlistName', " +
            " 'Hashlist'.'format' AS 'Hashlist.format', " +
            " 'Hashlist'.'hashTypeId' AS 'Hashlist.hashTypeId', " +
            " 'Hashlist'.'hashCount' AS 'Hashlist.hashCount', " +
            " 'Hashlist'.'saltSeparator' AS 'Hashlist.saltSeparator', " +
            " 'Hashlist'.'cracked' AS 'Hashlist.cracked', " +
            " 'Hashlist'.'isSecret' AS 'Hashlist.isSecret', " +
            " 'Hashlist'.'hexSalt' AS 'Hashlist.hexSalt', " +
            " 'Hashlist'.'isSalted' AS 'Hashlist.isSalted', " +
            " 'Hashlist'.'accessGroupId' AS 'Hashlist.accessGroupId', " +
            " 'HashType'.'hashTypeId' AS 'HashType.hashTypeId', " +
            " 'HashType'.'description' AS 'HashType.description', " +
            " 'HashType'.'isSalted' AS 'HashType.isSalted' " +
            "FROM " +
            "Hashlist " +
            "INNER JOIN HashType ON Hashlist.hashTypeId = HashType.hashTypeId " +
            "WHERE " +
            "Hashlist.format <>3 " +
            "AND accessGroupId IN (1) " +
            ") as a ";
        pageBean.setCountSQL(count);

        crackDAO.pagination(pageBean);
    }

    @Override
    public List<CrackExport> getHashById(Serializable hashlistId) {
        // TODO Auto-generated method stub
        return hashDAO.getHashById(hashlistId);
    }
}
```

CrackController 控制器示例如下。

```
package cn.easyproject.easyee.sm.xad.controller;

import java.io.IOException;
import java.util.List;
import java.util.Map;
import javax.annotation.Resource;
import javax.servlet.http.HttpServletResponse;
import org.slf4j.Logger;
import org.slf4j.LoggerFactory;
import org.springframework.web.bind.annotation.RequestMapping;
import org.springframework.web.bind.annotation.RestController;
import org.springframework.web.servlet.ModelAndView;
import cn.easyproject.easyee.sm.base.controller.BaseController;
import cn.easyproject.easyee.sm.base.pagination.PageBean;
import cn.easyproject.easyee.sm.base.util.export.ExcelUtil;
import cn.easyproject.easyee.sm.xad.criteria.CrackCriteria;
import cn.easyproject.easyee.sm.xad.entity.Hashlist;
import cn.easyproject.easyee.sm.xad.export.CrackExport;
import cn.easyproject.easyee.sm.xad.service.CrackService;
import cn.easyproject.easyee.sm.xad.service.HashlistService;

@RestController
@RequestMapping("crack")
public class CrackController extends BaseController{

    public static Logger logger = LoggerFactory.getLogger(CrackController.class);

    @Resource
    private CrackService crackService;

    @Resource
    private HashlistService hashlistService;

    @RequestMapping("page")
    public ModelAndView page(ModelAndView mv){
        mv.setViewName("main/xad/crack");
        return mv;
```

```
    }

@SuppressWarnings("rawtypes")
@RequestMapping("list")
public Map<Object,Object> list(CrackCriteria crackCriteria){
    PageBean pb = super.getPageBean();
    crackService.findByPage(pb,crackCriteria);
    return super.setJsonPaginationMap(pb);
}


@RequestMapping("crackExport")
public void crackExport(HttpServletResponse response, String hashlistId)throws IOException{
    List<Hashlist> list_hashlist = hashlistService.getHashlistById(hashlistId);
    if(list_hashlist.size() > 0) {
        List<CrackExport> list_crack = crackService.getHashById(hashlistId);
        ExcelUtil.writeExcel(response, list_crack, list_hashlist.get(0).getHashlistName
(), "", new CrackExport());
    }
  }
}
```

crack. jsp 页面示例如下。

```
<%@ page language="java" import="java.util.*" pageEncoding="UTF-8"%>
<%
    String path = request.getContextPath();
    String basePath = request.getScheme() + "://" + request.getServerName() + ":" +
request.getServerPort()
            + path + "/";
%>
<%@ taglib uri="http://www.springframework.org/tags" prefix="s"%>
<%@ taglib uri="http://shiro.apache.org/tags" prefix="shiro"%>


<%-- 1. 页面 Datagrid 初始化相关 JS --%>
<%-- JS 代码必须包含在页面中,引入外部 JS 文件会导致表格界面在未完成初始化前就显
示,出现短暂的未初始化界面 --%>
```

```
<script type="text/javascript">
    var Crack = {};
    $(function() {
        /*
         * datagrid 数据格式化
         */
        /*
         * 数据表格初始化
         */
        var dg = $("#crackDataGrid");
        $("#crackDataGrid").initEdatagrid({
            url : "crack/list",
            destroyUrl : "hashlist/delete",
            idField : "hashlist_hashlistId",
            showMsg : true, // 显示操作消息
            fit: true,
            showContextMenu : true,
            pageSize:100,
            pageList:[100,150,200],
            sendRowDataPrefix : "", //提交数据前缀
            pagination : true,
            scrollbarSize : 0,
            showMsg : true, // 显示操作消息
            successKey : "statusCode", //服务器端返回的成功标记 key
            successValue : "200" //服务器端返回的成功标记 value
        });

        Crack.toExport = function() {
            $.messager.confirm('确认', '确认把结果导出 Excel 表格？', function(r) {
                if (r) {
                    var dg = $('#crackDataGrid');
                    var row = dg.datagrid('getSelected');
                    $('#hashlistId').val(row.hashlist_hashlistId);
                    $("#crackForm").form('submit',{
                        url : 'crack/crackExport',
                        success:function(data) {
                            uiEx.msg("导出成功!");
```

```
                    }
                });
            }
        });
    }

});
</script>

<%-- 2. 页面内容 --%>
<table id="crackDataGrid" title="破解列表" style="width:100%"
    toolbar="#crackToolbar" idField="taskWrapperId" rownumbers="true"
    fitColumns="true" nowrap="false">
    <thead>
        <tr>
            <th field="hashlist_hashlistId"  width="10">编号</th>
            <th field="hashlist_hashlistName"  width="100">任务名称</th>
            <th field="hashType_description"  width="100">破解类型</th>
            <th field="hashlist_cracked" width="30">已破解个数</th>
            <th field="hashlist_hashCount" width="30">需破解个数</th>
            <th field="hashlist_percentage" width="30">破解成功率</th>
        </tr>
    </thead>
</table>
<form action="" id="crackForm">
    <input id="hashlistId" name="hashlistId" type="hidden"/>
</form>

<div id="crackToolbar">
    <div>
        <a href="javascript:void(0)" class="easyui-linkbutton"
            data-options="iconCls:'icon-print',plain:true" onclick="Crack.toExport()">导
出破解信息</a>

        <a class="easyui-linkbutton" iconCls="icon-remove" plain="true"
            onclick="$('#crackDataGrid').edatagrid('destroyRow')">删除破解任务</a>
    </div>
</div>
```

7.6　破解任务管理模块设计

HashlistDAO. xml 配置文件如下所示。

```xml
<? xml version="1.0" encoding="UTF-8"? >
<! DOCTYPE mapper
  PUBLIC "-//mybatis.org//DTD Mapper 3.0//EN"
  "http://mybatis.org/dtd/mybatis-3-mapper.dtd">
<mapper namespace="cn.easyproject.easyee.sm.xad.dao.HashlistDAO">

    <insert id="save" useGeneratedKeys="true" keyColumn="hashlistId" keyProperty=
"hashlistId">
        INSERT INTO Hashlist
            (hashlistId, hashlistName, format, hashTypeId, hashCount, saltSeparator, cracked,
                isSecret, hexSalt, isSalted, accessGroupId)
        VALUES
            ( #{hashlistId}, #{hashlistName}, 0, #{hashTypeId}, 0, ':', 0, 0, 0, 0, 1 )
    </insert>

    <select id="pagination" resultType="Hashlist">
        ${autoSQL}
    </select>

    <select id="getHashlistById" resultType="Hashlist">
        SELECT hashlistId, hashlistName, format, hashTypeId, hashCount, saltSeparator,
cracked,
            isSecret,hexSalt,isSalted,accessGroupId
        FROM Hashlist
            WHERE hashlistId=#{hashlistId}
    </select>

    <update id="update">
        update Hashlist set hashCount=#{hashCount} where hashlistId=#{hashlistId}
    </update>
```

```xml
<update id="updateHashType">
    update Hashlist set hashTypeId=#{hashTypeId} where hashlistId=#{hashlistId}
</update>

<delete id="delete">
    DELETE FROM Hashlist WHERE hashlistId=#{hashlistId}
</delete>
```

```xml
</mapper>
```

HashlistDAO 数据库接口示例如下。

```java
package cn.easyproject.easyee.sm.xad.dao;

import java.io.Serializable;
import java.util.List;
import cn.easyproject.easyee.sm.xad.entity.Hashlist;

public interface HashlistDAO {

    public void save(Hashlist hashlist);
    public void update(Hashlist hashlist);
    public List<Hashlist> getHashlistById(Serializable hashlistId);
    public void delete(Serializable hashlistId);
    public void updateHashType(Hashlist hashlist);
}
```

HashlistService 业务接口示例如下。

```java
package cn.easyproject.easyee.sm.xad.service;

import java.io.Serializable;
import java.util.List;
import org.springframework.transaction.annotation.Transactional;
import cn.easyproject.easyee.sm.xad.entity.Hashlist;
```

```
@ Transactional
public interface HashlistService {

    public void save(Hashlist hashlist);
    public List<Hashlist> getHashlistById(Serializable hashlistId);
    public void delete(Serializable hashlistId);
}
```

HashlistServiceImpl 业务接口实现示例如下。

```
package cn.easyproject.easyee.sm.xad.service.impl;

import java.io.BufferedReader;
import java.io.File;
import java.io.FileInputStream;
import java.io.IOException;
import java.io.InputStreamReader;
import java.io.Serializable;
import java.util.ArrayList;
import java.util.List;
import javax.annotation.Resource;
import org.apache.commons.io.FileUtils;
import org.springframework.stereotype.Service;
import org.springframework.transaction.annotation.Transactional;
import org.springframework.web.multipart.MultipartFile;
import cn.easyproject.easyee.sm.base.service.BaseService;
import cn.easyproject.easyee.sm.base.util.DateUtil;
import cn.easyproject.easyee.sm.xad.dao.AgentDAO;
import cn.easyproject.easyee.sm.xad.dao.AgentErrorDAO;
import cn.easyproject.easyee.sm.xad.dao.AssignmentDAO;
import cn.easyproject.easyee.sm.xad.dao.ChunkDAO;
import cn.easyproject.easyee.sm.xad.dao.FileDownloadDAO;
import cn.easyproject.easyee.sm.xad.dao.FilePretaskDAO;
import cn.easyproject.easyee.sm.xad.dao.FileTaskDAO;
import cn.easyproject.easyee.sm.xad.dao.HashDAO;
import cn.easyproject.easyee.sm.xad.dao.HashlistDAO;
```

```java
import cn.easyproject.easyee.sm.xad.dao.HashlistHashlistDAO;
import cn.easyproject.easyee.sm.xad.dao.HwpListDAO;
import cn.easyproject.easyee.sm.xad.dao.HwpTaskDAO;
import cn.easyproject.easyee.sm.xad.dao.PretaskDAO;
import cn.easyproject.easyee.sm.xad.dao.SupertaskDAO;
import cn.easyproject.easyee.sm.xad.dao.TaskDAO;
import cn.easyproject.easyee.sm.xad.dao.TaskWrapperDAO;
import cn.easyproject.easyee.sm.xad.dao.ZapDAO;
import cn.easyproject.easyee.sm.xad.dto.SupertaskPretaskDTO;
import cn.easyproject.easyee.sm.xad.entity.FileDownload;
import cn.easyproject.easyee.sm.xad.entity.FilePretask;
import cn.easyproject.easyee.sm.xad.entity.FileTask;
import cn.easyproject.easyee.sm.xad.entity.Hash;
import cn.easyproject.easyee.sm.xad.entity.Hashlist;
import cn.easyproject.easyee.sm.xad.entity.HwpList;
import cn.easyproject.easyee.sm.xad.entity.HwpTask;
import cn.easyproject.easyee.sm.xad.entity.Supertask;
import cn.easyproject.easyee.sm.xad.entity.Task;
import cn.easyproject.easyee.sm.xad.entity.TaskWrapper;
import cn.easyproject.easyee.sm.xad.service.HashlistService;
import cn.easyproject.easyee.sm.xad.task.HwpTaskAuto;

@Service("hashlistService")
public class HashlistServiceImpl extends BaseService implements HashlistService {

    @Resource
    HashlistDAO hashlistDAO;

    @Resource
    HashlistHashlistDAO hashlistHashlistDAO;

    @Resource
    HashDAO hashDAO;

    @Resource
    ZapDAO zapDAO;
```

```
@ Resource
SupertaskDAO supertaskDAO;

@ Resource
PretaskDAO pretaskDAO;

@ Resource
TaskWrapperDAO taskWrapperDAO;

@ Resource
TaskDAO taskDAO;

@ Resource
FilePretaskDAO filePretaskDAO;

@ Resource
FileTaskDAO fileTaskDAO;

@ Resource
FileDownloadDAO fileDownloadDAO;

@ Resource
AssignmentDAO assignmentDAO;

@ Resource
ChunkDAO chunkDAO;

@ Resource
AgentErrorDAO agentErrorDAO;

@ Resource
HwpListDAO hwpListDAO;

@ Resource
HwpTaskDAO hwpTaskDAO;
```

```
        @ Resource
        AgentDAO agentDAO;

        @ Override
        @ Transactional
        public void save(Hashlist hashlist) {
            // TODO Auto-generated method stub

            MultipartFile hashlistFile = hashlist.getHashlistFile();
            String temp_f = hashlistFile.getOriginalFilename();
            if ((temp_f.substring(temp_f.lastIndexOf(".") + 1)).equals("hwp")) {
                try {
                    String path = "d:/xad_yuan/hwp/".concat(temp_f.substring(0, temp_f.
lastIndexOf("."))).concat("_")
                                    .concat(DateUtil.getTimestamp() + ".hwp");
                    File f_hwp = new File(path);
                    FileUtils.copyInputStreamToFile(hashlistFile.getInputStream(), f_hwp);

                    HwpList hwpList = new HwpList();
                    hwpList.setHwp_date(DateUtil.getTimestamp());
                    // 任务名
                    hwpList.setHwp_name(hashlist.getHashlistName());
                    // 文件名称
                    hwpList.setHwp_fileName(f_hwp.getName());
                    hwpListDAO.save(hwpList);

                    String[] supertaskIds = hashlist.getSupertaskId_hl_s().split(",");
                    for (int i = 0; i < supertaskIds.length; i++) {
                        Supertask supertask = supertaskDAO.getSupertaskById(supertaskIds
[i]);
//                      List<SupertaskPretaskDTO> dto_list = pretaskDAO.getPretaskById
(supertaskIds[i]);

                        HwpTask hwpTask = new HwpTask();
                        hwpTask.setHwp_listId(hwpList.getHwp_id());
                        hwpTask.setHwp_taskName(supertask.getSupertaskName());
```

```
hwpTaskDAO.save(hwpTask);
//for(int j=0; j<dto_list.size(); j++) {
//                          SupertaskPretaskDTO dto = dto_list.get(j);
//                          HwpTask hwpTask = new HwpTask();
//                          hwpTask.setHwp_listId(hwpList.getHwp_id());
//                          //组合规则
//hwpTask.setHwp_taskName(supertask.getSupertaskName());
//                          //task 规则,字典任务名称
//                          hwpTask.setHwp_pretask(dto.getPretask_taskName());
//hwpTask.setHwp_attackCmd(dto.getPretask_attackCmd());
//                          hwpTaskDAO.save(hwpTask);
//                      }
                    }

                agentDAO.updateAgentIsActive(0);
                HwpTaskAuto.state = 1;
            } catch (IOException e) {
                // TODO Auto-generated catch block
                e.printStackTrace();
            }
        } else if ((temp_f.substring(temp_f.lastIndexOf(".") + 1)).equals("txt")) {
            // hashlist hash
            hashlistDAO.save(hashlist);
            if (hashlist.getHashlistId() > 0) {
                try {
                    String path = "d:/xad_yuan/".concat(DateUtil.getTimestamp() + ".
txt");
                    File f_txt = new File(path);
        FileUtils.copyInputStreamToFile(hashlistFile.getInputStream(), f_txt);
                    InputStreamReader read = new InputStreamReader(new FileInputStream
(f_txt), "utf-8");
                    BufferedReader bufferedReader = new BufferedReader(read);
                    String lineTxt = null;
                    List<Hash> hash_list = new ArrayList<Hash>();
                    Hash temp_hash = null;
                    // 3000 save
                    int num_temp = 1;
```

```
                            // hash count
                            int num_count = 0;
                            while ((lineTxt = bufferedReader.readLine()) != null) {
                                num_count++;
                                temp_hash = new Hash();
                                temp_hash.setHashlistId(hashlist.getHashlistId());
                                int last_temp = lineTxt.lastIndexOf(":");
                                if (last_temp > 0) {
                                    String lineTxt_1 = lineTxt.substring(0, lineTxt.lastIndexOf
(":"));

                                    String lineTxt_2 = lineTxt.substring(lineTxt.lastIndexOf
(":") + 1);

                                    temp_hash.setHash(lineTxt_1);
                                    temp_hash.setSalt(lineTxt_2);
                                } else {
                                    temp_hash.setSalt("");
                                    temp_hash.setHash(lineTxt);
                                }
                                temp_hash.setPlaintext("");
                                temp_hash.setTimeCracked(0);
                                temp_hash.setChunkId(null);
                                temp_hash.setIsCracked(0);

                                hash_list.add(temp_hash);

                                if (num_temp > 3000) {
                                    hashDAO.save(hash_list);
                                    num_temp = 1;
                                    hash_list = new ArrayList<Hash>();
                                }
                                num_temp++;
                            }
                            if (num_temp > 1) {
                                hashDAO.save(hash_list);
                            }

                            bufferedReader.close();
```

```
                        read.close( );

                        hashlist.setHashCount( num_count );
                        hashlistDAO.update( hashlist );

                        // taskWrapper supertaskName
                        String[ ] supertaskIds = hashlist.getSupertaskId_hl_s( ).split( "," );
                        for ( int i = 0; i < supertaskIds.length; i++ ) {
                            TaskWrapper taskWrapper = new TaskWrapper( );
                            taskWrapper.setHashlistId( hashlist.getHashlistId( ) );
                            Supertask supertask = supertaskDAO.getSupertaskById( supertaskIds
[i] );

                            taskWrapper.setTaskWrapperName( supertask.getSupertaskName
( ) );

                            taskWrapperDAO.save( taskWrapper );

                            // pretask SupertaskPretask insert task
                            List<SupertaskPretaskDTO> dto_list = pretaskDAO.getPretaskById
( supertaskIds[ i ] );
                            for ( int j = 0; j < dto_list.size( ); j++ ) {
                                Task task = new Task( );
                                SupertaskPretaskDTO dto = dto_list.get( j );
                                task.setTaskName( dto.getPretask_taskName( ) );
                                task.setAttackCmd( dto.getPretask_attackCmd( ) );
                    task.setTaskWrapperId( taskWrapper.getTaskWrapperId( ) );
                                taskDAO.save( task );

                                List<FilePretask> list_filePretask = filePretaskDAO
    .getFilePretaskById( dto.getSupertaskPretask_pretaskId( ) );
                                if ( list_filePretask.size( ) > 0 ) {
                                    for ( int k = 0; k < list_filePretask.size( ); k++ ) {
                                        FilePretask fp = list_filePretask.get( k );

                                        FileTask fileTask = new FileTask( );
                                        fileTask.setFileId( fp.getFileId( ) );
                                        fileTask.setTaskId( task.getTaskId( ) );
                                        fileTaskDAO.save( fileTask );
```

```
                                        int count_fd = fileDownloadDAO.getFile Download
ByfileId(fp.getFileId());

                                        if (count_fd == 0) {
                                        FileDownload fileDownload = new FileDownload();
            fileDownload.setTime(DateUtil.getTimestamp());
                                        fileDownload.setFileId(fp.getFileId());
                                        fileDownloadDAO.save(fileDownload);
                            }
                        }
                    }
                }
                // task begin
                taskWrapper.setPriority(1);
                taskWrapperDAO.update(taskWrapper);
            }

        } catch (IOException e) {
            // TODO Auto-generated catch block
            e.printStackTrace();
        }

    }
} else {
    hashlistDAO.save(hashlist);
    if (hashlist.getHashlistId() > 0) {
        temp_f = temp_f.substring(temp_f.lastIndexOf(".") + 1);
        if (! temp_f.toLowerCase().equals("wps") && ! temp_f.toLowerCase().
equals("dps")
                && ! temp_f.toLowerCase().equals("et") && ! temp_f.toLowerCase().
equals("rar")
                && ! temp_f.toLowerCase().equals("7z") && ! temp_f.toLowerCase().
equals("accdb")
                && ! temp_f.toLowerCase().equals("docx") && ! temp_f.toLowerCase
().equals("pptx")
                && ! temp_f.toLowerCase().equals("xlsx") && ! temp_f.toLowerCase().
equals("rar")
```

```
                 && ! temp_f.toLowerCase().equals("doc") && ! temp_f.toLowerCase().
equals("ppt")
                 && ! temp_f.toLowerCase().equals("xls") && ! temp_f.toLowerCase().
equals("pdf")
                 && ! temp_f.toLowerCase().equals("zip")) {
            try {
            throw new Exception("无此文件类型");
            } catch (Exception e) {
            // TODO Auto-generated catch block
            e.printStackTrace();
            hashlistDAO.delete(hashlist.getHashlistId());
            }
        } else {
            try {
                // 其他文件格式 转换文件 删除
                File f_other = null;
                // 保存文件
                File f_other_save = null;
                switch (temp_f.toLowerCase()) {
                case "wps":
                    f_other = new File("d:/xad_yuan/zl/xad_" + DateUtil.getTimestamp
() + "_"
                            + hashlistFile.getOriginalFilename() + ".doc");
    FileUtils.copyInputStreamToFile(hashlistFile.getInputStream(), f_other);
                    f_other_save = new File("d:/xad_yuan/xad_" + DateUtil.
getTimestamp() + "_"
                            + hashlistFile.getOriginalFilename());
    FileUtils.copyInputStreamToFile(hashlistFile.getInputStream(), f_other_save);
                    break;
                case "dps":
                    f_other = new File("d:/xad_yuan/zl/xad_" + DateUtil.getTimestamp
() + "_"
                            + hashlistFile.getOriginalFilename() + ".ppt");
    FileUtils.copyInputStreamToFile(hashlistFile.getInputStream(), f_other);
                    f_other_save = new File("d:/xad_yuan/xad_" + DateUtil.
getTimestamp() + "_"
                            + hashlistFile.getOriginalFilename());
```

```
FileUtils.copyInputStreamToFile(hashlistFile.getInputStream(), f_other_save);
                break;
            case "et":
                f_other = new File("d:/xad_yuan/zl/xad_" + DateUtil.getTimestamp
() + "_"
                        + hashlistFile.getOriginalFilename() + ".xls");
FileUtils.copyInputStreamToFile(hashlistFile.getInputStream(), f_other);
                f_other_save = new File("d:/xad_yuan/xad_" + DateUtil.
getTimestamp() + "_"
                        + hashlistFile.getOriginalFilename());
FileUtils.copyInputStreamToFile(hashlistFile.getInputStream(), f_other_save);
                break;
            default:
                // 正常
                f_other = new File("d:/xad_yuan/zl/xad_" + DateUtil.getTimestamp
() + "_"
                        + hashlistFile.getOriginalFilename());
FileUtils.copyInputStreamToFile(hashlistFile.getInputStream(), f_other);
                f_other_save = new File("d:/xad_yuan/xad_" + DateUtil.
getTimestamp() + "_"
                        + hashlistFile.getOriginalFilename());
FileUtils.copyInputStreamToFile(hashlistFile.getInputStream(), f_other_save);
            }
            // bat
Runtime.getRuntime().exec("d:/xad_yuan/zl/extract/1.bat");

            Thread.sleep(1500);

            String temp_line = null;
            // 转换完成
            File f_txt = new File("d:/xad_yuan/zl/xad.txt");
            InputStreamReader read = new InputStreamReader(new FileInputStream(f_
txt), "utf-8");// 考虑到编码格式
            BufferedReader bufferedReader = new BufferedReader(read);
            String lineTxt = null;

            // zip hash 过滤
```

185

```java
boolean flag_zip = false;
// hashlistId, hash, salt, plaintext, time, chunkId, isCracked

while ((lineTxt = bufferedReader.readLine()) != null) {
    if (flag_zip) {
        break;
    }
    temp_line = lineTxt.substring(lineTxt.indexOf(":") + 1);
    String temp_type = temp_line.substring(1, temp_line.indexOf('$', 1));
    if (temp_line.indexOf("$pdf$") != -1) {
        temp_line = temp_line.substring(2);
        temp_type = temp_line.substring(1, temp_line.indexOf('$', 1));
    }

    switch (temp_type.toUpperCase()) {
    case "RAR3":
        temp_line = temp_line.substring(0, temp_line.indexOf(":"));
        if (temp_line.length() > 59) {
            hashlistDAO.delete(hashlist.getHashlistId());
            throw new Exception("RAR3 类型有问题!");
        }
        if (hashlist.getHashTypeId() != 12500) {
            hashlist.setHashTypeId(12500);
            hashlistDAO.updateHashType(hashlist);
        }
        break;
    case "RAR5":
        if (temp_line.length() > 97) {
            hashlistDAO.delete(hashlist.getHashlistId());
            throw new Exception("RAR5 类型有问题!");
        }
        if (hashlist.getHashTypeId() != 13000) {
            hashlist.setHashTypeId(13000);
            hashlistDAO.updateHashType(hashlist);
        }
        break;
    case "OFFICE":
```

```
                    String typeId = temp_line.substring(9, 13);
                    switch (typeId) {
                    case "2007":
                        hashlist.setHashTypeId(9400);
                        break;
                    case "2010":
                        hashlist.setHashTypeId(9500);
                        break;
                    case "2013":
                        hashlist.setHashTypeId(9600);
                    }
                    hashlistDAO.updateHashType(hashlist);
                    break;
                case "OLDOFFICE":
                    if (temp_line.indexOf(":") == 111) {
                        temp_line = temp_line.substring(0, 111);
                        hashlist.setHashTypeId(9700);
                    } else if (temp_line.indexOf(":") == -1 && temp_line.length
() == 119) {

                        hashlist.setHashTypeId(9800);
                    } else {
                        hashlistDAO.delete(hashlist.getHashlistId());
                        throw new Exception("OFFICE2003 文件类型有问题!");
                    }
                    hashlistDAO.updateHashType(hashlist);
                    break;
                case "ZIP2":
                    hashlist.setHashTypeId(13600);
                    temp_line = temp_line.substring(0, temp_line.indexOf(":"));
                    hashlistDAO.updateHashType(hashlist);
                    flag_zip = true;
                    break;
                case "7Z":
                    if (temp_line.indexOf("$salt$") == -1) {
                        // 355
                        if (temp_line.length() > 356) {
hashlistDAO.delete(hashlist.getHashlistId());
```

```
                                      throw new Exception("7Z 文件类型有问题!");
                                  } else {
                                      hashlist.setHashTypeId(11600);
                                      hashlistDAO.updateHashType(hashlist);
                                  }
                              } else {
                                  // 292
                                  if (temp_line.length() > 293) {
          hashlistDAO.delete(hashlist.getHashlistId());
                                      throw new Exception("7Z 文件类型有问题!");
                                  } else {
                                      hashlist.setHashTypeId(11600);
                                      hashlistDAO.updateHashType(hashlist);
                                  }
                              }
                          break;
                  case "PDF":
                  temp_line = temp_line.substring(0, temp_line.indexOf("'"));
                  // 40 128 256
                  String code = temp_line.substring(9, 9 + temp_line.substring(9).
  indexOf(" * "));
                          switch (code) {
                          case "40":
                              hashlist.setHashTypeId(10400);
                              hashlistDAO.updateHashType(hashlist);
                              break;
                          case "128":
                              hashlist.setHashTypeId(10500);
                              hashlistDAO.updateHashType(hashlist);
                              break;
                          case "256":
                              if (temp_line.subSequence(7, 8).equals("5")) {
                                  hashlist.setHashTypeId(10600);
                              } else {
                                  hashlist.setHashTypeId(10700);
                              }
                              hashlistDAO.updateHashType(hashlist);
```

```
                break;
            default:
                hashlistDAO.delete(hashlist.getHashlistId());
                throw new Exception("PDF 文件类型有问题!");
            }
            break;
        default:
            hashlistDAO.delete(hashlist.getHashlistId());
            throw new Exception("无此文件类型!");
        }
    }
    bufferedReader.close();

    // 文件 1 个
    List<Hash> hash_list = new ArrayList<Hash>();

    Hash temp_hash = new Hash();
    temp_hash.setHashlistId(hashlist.getHashlistId());
    temp_hash.setHash(temp_line);
    temp_hash.setSalt("");

    temp_hash.setPlaintext("");
    temp_hash.setTimeCracked(0);
    temp_hash.setChunkId(null);
    temp_hash.setIsCracked(0);

    hash_list.add(temp_hash);
    hashDAO.save(hash_list);

    hashlist.setHashCount(1);
    hashlistDAO.update(hashlist);

    // taskWrapper supertaskName
    String[] supertaskIds = hashlist.getSupertaskId_hl_s().split(",");
    for (int i = 0; i < supertaskIds.length; i++) {
        TaskWrapper taskWrapper = new TaskWrapper();
        taskWrapper.setHashlistId(hashlist.getHashlistId());
```

```
                    Supertask supertask = supertaskDAO.getSupertaskById(supertaskIds
[i]);
    taskWrapper.setTaskWrapperName(supertask.getSupertaskName());
                    taskWrapperDAO.save(taskWrapper);

                    // pretask SupertaskPretask insert task
                    List<SupertaskPretaskDTO> dto_list = pretaskDAO.getPretaskById
(supertaskIds[i]);
                    for (int j = 0; j < dto_list.size(); j++) {
                        Task task = new Task();
                        SupertaskPretaskDTO dto = dto_list.get(j);
                        task.setTaskName(dto.getPretask_taskName());
    task.setAttackCmd(dto.getPretask_attackCmd());
    task.setTaskWrapperId(taskWrapper.getTaskWrapperId());
                        taskDAO.save(task);

                        List<FilePretask> list_filePretask = filePretaskDAO
.getFilePretaskById(dto.getSupertaskPretask_pretaskId());
                        if (list_filePretask.size() > 0) {
                            for (int k = 0; k < list_filePretask.size(); k++) {
                                FilePretask fp = list_filePretask.get(k);

                                FileTask fileTask = new FileTask();
                                fileTask.setFileId(fp.getFileId());
                                fileTask.setTaskId(task.getTaskId());
                                fileTaskDAO.save(fileTask);

                                int count_fd=fileDownloadDAO.getFileDownloadByfileId
(fp.getFileId());
                                if (count_fd == 0) {
                                    FileDownload fileDownload = new FileDownload();
    fileDownload.setTime(DateUtil.getTimestamp());
    fileDownload.setFileId(fp.getFileId());
    fileDownloadDAO.save(fileDownload);
                                }
                            }
                        }
```

```
                                    }
                                    // task begin
                                    taskWrapper.setPriority(1);
                                    taskWrapperDAO.update(taskWrapper);
                                }
                        } catch (Exception e) {
                            // TODO: handle exception
                            e.printStackTrace();
                            hashlistDAO.delete(hashlist.getHashlistId());
                        }
                    }
                }
            }

        // error
//      try {
//          Thread.sleep(1000);
//      } catch (InterruptedException e) {
//          // TODO Auto-generated catch block
//          e.printStackTrace();
//      }
    }

    @Override
    public List<Hashlist> getHashlistById(Serializable hashlistId) {
        // TODO Auto-generated method stub
        return hashlistDAO.getHashlistById(hashlistId);
    }

    @Override
    @Transactional
    public void delete(Serializable hashlistId) {
        // TODO Auto-generated method stub
        hashlistHashlistDAO.delete(hashlistId);
        zapDAO.delete(hashlistId);
        hashDAO.delete(hashlistId);
```

```
        List<TaskWrapper> list_taskWrapper = taskWrapperDAO.getTaskWrapperByHashlistId
(hashlistId);
        for (int i = 0; i < list_taskWrapper.size(); i++) {
            TaskWrapper tw = list_taskWrapper.get(i);
            List<Task> task_list = taskDAO.getTaskByTaskWrapperId(tw.getTaskWrapperId
());
            for (int j = 0; j < task_list.size(); j++) {
                Task task = task_list.get(j);
                fileTaskDAO.deleteByTaskId(task.getTaskId());
                assignmentDAO.deleteByTaskId(task.getTaskId());
                chunkDAO.deleteByTaskId(task.getTaskId());
                agentErrorDAO.deleteByTaskId(task.getTaskId());
                taskDAO.deleteByTaskId(task.getTaskId());
                taskWrapperDAO.delete(tw.getTaskWrapperId());
            }
        }
        hashlistDAO.delete(hashlistId);
    }
}
```

HashlistController 控制器示例如下。

```
package cn.easyproject.easyee.sm.xad.controller;

import java.util.Map;
import javax.annotation.Resource;
import org.slf4j.Logger;
import org.slf4j.LoggerFactory;
import org.springframework.web.bind.annotation.RequestMapping;
import org.springframework.web.bind.annotation.RestController;
import org.springframework.web.servlet.ModelAndView;
import cn.easyproject.easyee.sm.base.controller.BaseController;
import cn.easyproject.easyee.sm.base.pagination.PageBean;
import cn.easyproject.easyee.sm.base.util.StatusCode;
import cn.easyproject.easyee.sm.xad.criteria.SupertaskCriteria;
import cn.easyproject.easyee.sm.xad.entity.Hashlist;
```

```
import cn.easyproject.easyee.sm.xad.service.AgentService;
import cn.easyproject.easyee.sm.xad.service.HashTypeService;
import cn.easyproject.easyee.sm.xad.service.HashlistService;
import cn.easyproject.easyee.sm.xad.service.SupertaskService;

@RestController
@RequestMapping("hashlist")
public class HashlistController extends BaseController{

    public static Logger logger = LoggerFactory.getLogger(RuleListController.class);

    @Resource
    private HashlistService hashlistService;

    @Resource
    private SupertaskService supertaskService;

    @Resource
    private HashTypeService hashTypeService;

    @Resource
    private AgentService agentService;

    @RequestMapping("page")
    public ModelAndView page(ModelAndView mv){
        mv.setViewName("main/xad/hashlist");
        return mv;
    }

    @SuppressWarnings("rawtypes")
    @RequestMapping("list")
    public Map<Object,Object> list(SupertaskCriteria supertaskCriteria){
        PageBean pb = super.getPageBean();
        supertaskService.findByPage(pb,supertaskCriteria);
        return super.setJsonPaginationMap(pb, "allHashType", hashTypeService.findAll());
    }
```

```
        @ RequestMapping("save")
        public Map<Object,Object> save(Hashlist hashlist) {
            try {
                hashlistService.save(hashlist);

//              int countErrorTemp = agentService.countErrorTemp();
//              if(countErrorTemp > 0) {
//                  super.setMsgKey("msg.crackError");
//                  super.setStatusCode(StatusCode.ERROR);
//                  agentService.updateErrorTemp();
//              } else {
//                  super.setMsgKey("msg.crackOK");
//                  super.setStatusCode(StatusCode.OK);
//                  }

                super.setMsgKey("msg.crackOK");
                super.setStatusCode(StatusCode.OK);

            } catch (Exception e) {
                e.printStackTrace();
                super.setMsgKey("msg.crackError");
                super.setStatusCode(StatusCode.ERROR);
            }
            return super.setJsonMsgMap();
        }


        @ RequestMapping("delete")
        public Map<Object,Object> delete(String hashlist_hashlistId) {
            try {
                hashlistService.delete(hashlist_hashlistId);
            } catch (Exception e) {
                e.printStackTrace();
                super.setStatusCode(StatusCode.ERROR);
            }
            return super.setJsonMsgMap();
        }

}
```

页面示例如下。

```jsp
<%@ page language="java" import="java.util.*" pageEncoding="UTF-8"%>
<%
    String path = request.getContextPath();
    String basePath = request.getScheme() + "://" + request.getServerName() + ":" +
request.getServerPort()
            + path + "/";
%>
<%@ taglib uri="http://www.springframework.org/tags" prefix="s"%>
<%@ taglib uri="http://shiro.apache.org/tags" prefix="shiro"%>


<%-- 1.页面 Datagrid 初始化相关 JS --%>
<%-- JS 代码必须包含在页面中,引入外部 JS 文件会导致表格界面在未完成初始化前就显
示,出现短暂的未初始化界面 --%>
<script type="text/javascript">
    //部门操作命名空间
    var Hashlist = {};
    $(function() {
        /*
         * datagrid 数据格式化
         */
        /*
         * 数据表格初始化
         */
        var dg = $("#hashlistDataGrid");
        var firstLoad = true;
        dg.initEdatagrid({
            url : "hashlist/list",
            idField : "supertaskId",
            pagination : true,
            fit: true,
            pageSize:100,
            pageList:[100,150,200],
            checkbox : true,
            checkOnSelect : true,
            singleSelect : false,
```

```
                    autoSave : true,
                    clickEdit : true,
                    showMsg : true,
                    scrollbarSize : 0,
                    sendRowDataPrefix : "",
                    successKey : "statusCode",
                    successValue : "200",  //服务器端返回的成功标记 value
                    onLoadSuccess : function(data) {
                        // 第一次 DG 加载,以后无需初始化 combobox
                        if (firstLoad) {
                            Hashlist.allHashType = data.allHashType;
                            $('#supertaskId_hl_typeId').combobox({
                                data : Hashlist.allHashType,
                                valueField : 'hashTypeId',
                                textField : 'description',
                                panelHeight : 300,
                                editable : true
                            });
                            firstLoad = false;
                            var data1 = $('#supertaskId_hl_typeId').combobox('getData');
$('#supertaskId_hl_typeId').combobox('select',data1[0].hashTypeId);
                        }
                    }
                });


        Hashlist.toAdd = function() {
            var names = [];
            var checkedItems = $('#hashlistDataGrid').datagrid('getChecked');
            $.each(checkedItems, function(index, item) {
                names.push(item.supertaskId);
            });
            $("#supertaskId_hl_s").val(names.join(","));
$("#hashTypeId").val($('#supertaskId_hl_typeId').combobox('getValue'));
            $("#hashlistName").val($('#supertaskId_hl_name').textbox('getText'));

            if($("#supertaskId_hl_s").val()==null || $("#supertaskId_hl_s").val
()==""){
```

```
                        uiEx.msg("请选择规则重新提交任务!");
                        return false;
                  }

                  var url = "hashlist/save";
                  uiEx.submitURLAjax("#hashlistSaveForm", url, function(data) {
                        data = eval("(" + data + ")");
                        if (data.statusCode == 200) {
                              var data1 = $('#supertaskId_hl_typeId').combobox('getData');
            $('#supertaskId_hl_typeId').combobox('select',data1[0].hashTypeId);
                              $('#hashlistFile').filebox('setValue','');
                              $('#supertaskId_hl_name').textbox('setText','');
                              $("#hashlistDataGrid").datagrid("clearSelections");
                        }
                  });
            }

      });

      function task_Name() {
            var taskName1 = $('#supertaskId_hl_typeId').combobox('getText');
            var taskName2 = $('#hashlistFile').filebox('getValue');
            var index = taskName2.lastIndexOf('\\');
            taskName2 = taskName2.substring(index + 1, taskName2.length);
            var mydate = new Date();
            var t = mydate.toLocaleString();
            var taskName = taskName1 + '_' + t + '_' + taskName2;
             $('#supertaskId_hl_name').textbox('setText', taskName);
      }
</script>

<%-- 2. 页面内容 --%>
<table id="hashlistDataGrid" title="字典规则列表" style="width:100%"
    toolbar="#hashlistToolbar" idField="supertaskId" rownumbers="true"
    fitColumns="true" nowrap="false">
    <thead>
        <tr>
```

```
                    <th field="supertaskId" checkbox="true" width="50" sortable="true">多选
框</th>
                    <th field="supertaskName" width="50">字典规则名称</th>
            </tr>
        </thead>
</table>
<br />

<div id="hashlistToolbar">
    <div>
        <form id="hashlistSaveForm" enctype="multipart/form-data" method="post">
            <input type="hidden" name="supertaskId_hl_s" id="supertaskId_hl_s" />
            <input type="hidden" name="hashlistName" id="hashlistName" />
            <input type="hidden" name="hashTypeId" id="hashTypeId" />
            <br />
            <div>    破解内容类型:
                    <select class="easyui-combobox" style="width:320px" name="
supertaskId_hl_typeId" id="supertaskId_hl_typeId">
                    </select>
            </div>
            <br />
            <div>    上传破解文件:
                    <input class="easyui-filebox" type="text" id="hashlistFile"
                        name="hashlistFile"
                        data-options="onChange:task_Name,prompt:'请选择一个文件...'"
                        style="width:320px">
            </div>
            <br />
            <div>    破解任务名称:
                    <input class="easyui-textbox" name="supertaskId_hl_name" id="
supertaskId_hl_name" style="width:320px" />
            </div>
            <br />
            <span>    选择破解字典规则:</span>
                    <a class="easyui-linkbutton" iconCls="icon-
search" plain="true" onclick="Hashlist.toAdd()"><s:message code="label.crack"></s:
message></a>
```

```
            <br />
            <br />
        </form>
    </div>
</div>
```

7.7 客户端管理模块设计

客户端主函数如下所示。

```
using System;
using System.Collections.Generic;
using System.IO;
using System.Threading;
using System.Diagnostics;
namespace hashtopussy
{


    public struct Packets
    {
        public Dictionary<string, double> statusPackets;
        public List<string> crackedPackets;
    }

    public class testProp
    {
        public string action = "test";
    }



    class Program
    {

        public static string AppPath = AppDomain.CurrentDomain.BaseDirectory;
```

```csharp
private static string urlPath = Path.Combine( AppPath, "URL" );
private static string serverURL = "";

static void initDirs( )
{

    string[] createDirs = new String[] { "files", "hashlists", "tasks", "hashcat" };

    foreach ( string dir in createDirs )
    {
        string enumDir = Path.Combine( AppPath, dir );
        try
        {
            if ( ! Directory.Exists( enumDir ) )
            {
                Console.WriteLine( "建立目录 {0} ", dir );
                Directory.CreateDirectory( enumDir );
            }
        }
        catch( Exception e )
        {
            Console.WriteLine( e.Data );
            Console.WriteLine( "没有找到目录 {0}", dir );
            Console.WriteLine( "客户端服务停止" );
            Environment.Exit( 0 );
        }

    }

}

public static bool loadURL( )
{
    if ( File.Exists( urlPath ) )
    {
        serverURL = File.ReadAllText( urlPath );
```

```
            if ( serverURL = = "" )
            {
                    File.Delete( urlPath ) ;
                    return false ;
            }
        }
        else
        {
            return false ;
        }
        return true ;
    }


public static Boolean initConnect( )
{
        jsonClass testConnect = new jsonClass { debugFlag = DebugMode } ;
        testProp tProp = new testProp( ) ;
        string urlMsg = "请输入服务器连接地址:" ;
        while ( ! loadURL( ) )
        {
            Console.WriteLine( urlMsg ) ;
            string url = Console.ReadLine( ) ;
            if ( ! url.StartsWith( "http", StringComparison.OrdinalIgnoreCase ) )
            {
                url = "https://" + url;
            }
            Console.WriteLine( "连接到 " + url ) ;
            testConnect.connectURL = url;
            string jsonString = testConnect.toJson( tProp ) ;
            string ret = testConnect.jsonSendOnce( jsonString ) ;
            if ( ret ! = null )
            {
                if ( testConnect.isJsonSuccess( ret ) )
                {
                    File.WriteAllText( urlPath, url ) ;
                }
            }
```

```
                    else
                    {
                        urlMsg = "连接失败,请重新输入连接 URL:";
                    }

                }

                Console.WriteLine("连接到服务器 {0}", serverURL);
                return true;
            }

            public static Boolean DebugMode = false;

            static void Main(string[] args)
            {

                    if (Console.LargestWindowWidth > 94 && Console.LargestWindowHeight >
24)
                    {
                        Console.SetWindowSize(95, 25);
                    }

                    System. Globalization. CultureInfo customCulture = ( System. Globalization.
CultureInfo)System.Threading.Thread.CurrentThread.CurrentCulture.Clone();
                customCulture.NumberFormat.NumberDecimalSeparator = ".";
                System.Threading.Thread.CurrentThread.CurrentCulture = customCulture;

                for (int i = 0; i < args.Length; i++)
                {
                    if (args[i] == "debug")
                    {
                        DebugMode = true;
                        break;
                    }

                }
```

```
string AppVersion = "0.46.2";
Console.WriteLine("客户端版本为" + AppVersion);

initConnect();

updateClass updater = new updateClass
{
    htpVersion = AppVersion,
    parentPath = AppPath,
    arguments = args,
    connectURL = serverURL,
    debugFlag = DebugMode

};
updater.runUpdate();

initDirs();

registerClass client = new registerClass { connectURL = serverURL, debugFlag =
DebugMode };
Boolean legacy = true; //Defaults to legacy STATUS codes
client.setPath( AppPath);
if ( client.loginAgent())
{
    Console.WriteLine("客户端已连接到服务器");
}

//Run code to self-update

_7zClass zipper = new _7zClass
{
    tokenID = client.tokenID,
    osID = client.osID,
    appPath = AppPath,
    connectURL = serverURL
};

if ( ! zipper.init7z())
```

```
                {
                    Console.WriteLine("初始化7zip失败,不能继续执行。客户端可能无法
提取压缩文件");
                }
                else //We have 7zip, lets check for HC update since that is zipped
                {

                    hashcatUpdateClass hcUpdater = new hashcatUpdateClass {debugFlag =
DebugMode, client = client, AppPath = AppPath, sevenZip = zipper};

                    if (hcUpdater.updateHashcat())
                    {
                        hashcatClass hcClass = new hashcatClass { };
                        hcClass.setDirs(AppPath, client.osID);
                        string[] versionInts = {};
                        string hcVersion = hcClass.getVersion2(ref versionInts);
                        Console.WriteLine("发现解密版本{0}", hcVersion);

                        if (hcVersion.Length ! = 0)
                        {
                            if (Convert.ToInt32(versionInts[0]) = = 3 && Convert.ToInt32
(versionInts[1]) = = 6)
                            {
                                if (hcVersion.Contains("-"))
                                {
                                    legacy = false;
                                    //This is most likely a beta/custom build with commits
ahead of 3.6.0 release branch
                                }
                            }
                            else if (Convert.ToInt32(versionInts[0]) = = 3)
                            {
                                if (Convert.ToInt32(versionInts[1].Substring(0, 1)) >= 6)
                                {
                                    legacy = false;
                                    //This is a release build above 3.6.0
                                }
```

```
            }
            else if (Convert.ToInt32(versionInts[0]) >= 4)
            {
                legacy = false;
                //This is a release build above 4.0.0
            }
        }
        else
        {
            //For some reason we couldn't read the version, lets just assume
we are on non legacy
            legacy = false;
        }

    }
    else
    {
        Console.WriteLine("没发现解密软件");
        Console.WriteLine("请联系信安达科技有限公司");
        Console.WriteLine("客户端服务停止");
        {
            Environment.Exit(0);
        }
    }

}


taskClass tasks = new taskClass
{
    sevenZip = zipper,
    debugFlag = DebugMode,
    client = client,
    legacy =  legacy

};


tasks.setOffset(); //Set offset for STATUS changes in hashcat 3.6.0
```

```
            tasks.setDirs(AppPath);

            int backDown = 5;
            while(true) //Keep waiting for 5 seconds and checking for tasks
            {
                Thread.Sleep(backDown    1000);

                if (tasks.getTask())
                {
                    backDown = 5;
                }
                if (backDown <30)
                {
                    backDown++;
                }
            }

        }
    }
}
```

客户端注册类设计示例如下。

```
using System;
using System.Collections.Generic;
using System.IO;
using System.Management;
using System.Diagnostics;
using System.Runtime.InteropServices;

public class registerClass
{
    private string tokenPath;
    public string tokenID { get; set; }
    public int osID { get; set; }
    public string connectURL { get; set;}
```

```
public Boolean debugFlag { set; get; }

//Suppress P/Invoke warning my using NativeMethods
internal static class NativeMethods
{
    [DllImport("libc")]
    public static extern int uname(IntPtr buf);
}

//Code from Pinta Core Project
private bool IsRunningOnMac()
{

    IntPtr buf = IntPtr.Zero;
    try
    {
        buf = Marshal.AllocHGlobal(8192);
        // This is a hacktastic way of getting sysname from uname()
        if (NativeMethods.uname(buf) == 0)
        {
            string os = Marshal.PtrToStringAnsi(buf);
            if (os == "Darwin")
                return true;
        }
    }
    catch
    {
    }
    finally
    {
        if (buf != IntPtr.Zero)
            Marshal.FreeHGlobal(buf);
    }
    return false;
}

//Detect whether we are running under mono
```

```csharp
private void setOS()
{
    if (Type.GetType("Mono.Runtime") != null)
    {
        if (! IsRunningOnMac())
        {
            Console.WriteLine("操作系统：Linux");
            osID = 0;
        }
        else
        {
            Console.WriteLine("操作系统：Mac");
            osID = 2;
        }
    }
    else
    {
        Console.WriteLine("操作系统：Windows");
        osID = 1;
    }
}

public void setPath(string path)
{
    tokenPath = Path.Combine(path, "token");
}

private class Register
{
    public string action { get; set; }
    public string voucher { get; set; }
    public string name { get; set; }
    public string uid { get; set; }
    public int os { get; set; }
    public IList<string> gpus { get; set; }
}
```

```
private bool registerAgent(string iVoucher)
{
    jsonClass jsC = new jsonClass { debugFlag = debugFlag, connectURL = connectURL
};

    setOS();

    string machineName = "default";

    List<string> gpuList;
    string CPUModel = "";

    gpuList = new List<string> { };

    if (osID == 1)
    {
        ManagementObjectSearcher searcher = new ManagementObjectSearcher("SELECT
Description FROM Win32_VideoController"); //Prep object to query windows GPUs

        //Get Devices (Windows)
        foreach (ManagementObject mo in searcher.Get())
        {
            gpuList.Add(mo.Properties["Description"].Value.ToString().Trim());
        }

        //Get CPU (Windows)
        searcher = new ManagementObjectSearcher("SELECT Name from Win32_
Processor"); //Prep object to query windows CPUs
        foreach (ManagementObject mo in searcher.Get())
        {
            gpuList.Add(mo.Properties["Name"].Value.ToString());
        }
        //Get Machine Name (Windows)
        machineName = System.Environment.MachineName;
    }
    else if(osID ==0)
    {
```

```
//Get GPU Devices (Linux) use lspci to query GPU
ProcessStartInfo pinfo = new ProcessStartInfo();
pinfo.FileName = "lspci";
pinfo.UseShellExecute = false;
pinfo.RedirectStandardOutput = true;
Process lspci = new Process();
lspci.StartInfo = pinfo;
lspci.Start();
string searchString = "VGA compatible controller: ";
while (! lspci.HasExited)
{
    while (! lspci.StandardOutput.EndOfStream)
    {
        string stdOut = lspci.StandardOutput.ReadLine();
        int pozi = stdOut.IndexOf(searchString);
        if (pozi ! = -1)
        {
            gpuList.Add(stdOut.Substring(pozi + searchString.Length));
        }
    }
}


//Get CPU (Linux) use lscpu to query CPU
pinfo.FileName = "lscpu";
pinfo.UseShellExecute = false;
pinfo.RedirectStandardOutput = true;
lspci.StartInfo = pinfo;
lspci.Start();
searchString = "Model Name: ";
while (! lspci.HasExited)
{
    while (! lspci.StandardOutput.EndOfStream)
    {
        string stdOut = lspci.StandardOutput.ReadLine();
        int pos = stdOut.IndexOf(searchString);
        if (pos ! = -1)
```

```
                {
                    gpuList.Add(stdOut.Substring(pos + searchString.Length));
                }
            }
        }
        //Get Machine Name (Linux)
        pinfo = new ProcessStartInfo();
        pinfo.FileName = "uname";
        pinfo.Arguments = "-n";
        pinfo.UseShellExecute = false;
        pinfo.RedirectStandardOutput = true;
        Process uname = new Process();
        uname.StartInfo = pinfo;
        uname.Start();
        while (! uname.HasExited)
        {
            while (! uname.StandardOutput.EndOfStream)
            {
                string stdOut = uname.StandardOutput.ReadLine();
                machineName = stdOut;
            }
        }
    }
else if(osID == 2)
{
    //Get Machine Name (Mac)
    ProcessStartInfo pinfo = new ProcessStartInfo();
    pinfo.FileName = "scutil";
    pinfo.Arguments = " --get ComputerName";
    pinfo.UseShellExecute = false;
    pinfo.RedirectStandardError = true;
    pinfo.RedirectStandardOutput = true;

    Process getMachineName = new Process();
    getMachineName.StartInfo = pinfo;
    getMachineName.Start();
    while (! getMachineName.HasExited)
```

```
{
    while (! getMachineName.StandardOutput.EndOfStream)
    {
        string stdOut = getMachineName.StandardOutput.ReadLine();
        machineName = stdOut;
    }
}

//Get Devices (Mac)
pinfo.FileName = "system_profiler";
pinfo.Arguments = " -detaillevel mini";
Process getDevices = new Process();
getDevices.StartInfo = pinfo;

Console.WriteLine("Please wait while devices are being enumerated...");
getDevices.Start();
Boolean triggerRead = false;

string searchID = "Chipset Model: ";

while (! getDevices.StandardOutput.EndOfStream)
{

    string stdOut = getDevices.StandardOutput.ReadLine().TrimEnd();

    if (triggerRead == true)
    {
        if (stdOut.Contains("Total Number of Cores:"))//Just incase we go past
        {
            break;
        }
        if (stdOut.Contains("Hardware:"))
        {
            searchID = "Processor Name: ";
        }
        int pos = stdOut.IndexOf(searchID);
```

```
                  if ( pos ! = -1)
                  {
                      if ( searchID = = " Chipset Model: " )
                      {

                          gpuList.Add( stdOut.Substring( pos + searchID.Length ) ) ;

                      }
                      else if ( searchID = = " Processor Name: " )
                      {
                          CPUModel = stdOut.Substring( pos + searchID.Length ) ;
                          searchID = " Processor Speed: " ;
                      }
                      else if ( searchID = = " Processor Speed: " )
                      {
                          CPUModel = CPUModel+" @ " +stdOut.Substring( pos+searchI
D.Length ) ;

                          gpuList.Add( CPUModel ) ;
                          break ;
                      }
                  }
              }
              else if ( triggerRead = = false )
              {
                  if ( stdOut.Contains( " Graphics/Displays: " ) )
                  {
                      triggerRead = true ;
                  }
              }

          }
      }

String guid = Guid.NewGuid( ).ToString( ) ; //Generate GUID

Register regist = new Register
      {
```

```
                        action = "register",
                        voucher = iVoucher,
                        name = machineName,
                        uid = guid,
                        os = osID,
                        gpus = gpuList
                    };

                string jsonString = jsC.toJson(regist);
                string ret = jsC.jsonSend(jsonString);

                if (jsC.isJsonSuccess(ret))
                {
                    tokenID = jsC.getRetVar(ret,"token");
                    File.WriteAllText(tokenPath, tokenID);
                    return true;
                }
                return false;

        }
        public bool loginAgent()
        {
            if (! loadToken())
            {
                Console.WriteLine("找不到现有的令牌，请输入凭证:");
                while (registerAgent(Console.ReadLine()) == false)
                {
                    Console.WriteLine("凭证无效，请重试");
                    string voucher = Console.ReadLine();
                }

            }
            else
            {
                Console.WriteLine("发现令牌凭证");
                jsonClass jsC = new jsonClass { connectURL = connectURL, debugFlag =
debugFlag };
```

```
            var arrayKey = new Dictionary<string, string>
                {
                    { "action", "login" },
                    { "token",tokenID},
                };

            string jsonString = jsC.toJson(arrayKey);
            string ret = jsC.jsonSend(jsonString);

            if (jsC.isJsonSuccess(ret))
            {
                return true;
            }
            else
            {
                Console.WriteLine("Existing token is invalid, please enter voucher");
                while (registerAgent(Console.ReadLine()) == false)
                {
                    Console.WriteLine("Invalid voucher, please try again");
                    string voucher = Console.ReadLine();
                }
            }
            return false;
        }
        return true;

    }


public bool loadToken()
{
    if (File.Exists(tokenPath))
    {
        tokenID = File.ReadAllText(tokenPath);
        if (tokenID == "")
        {
            File.Delete(tokenPath);
```

```
            return false;
        }
    }
    else
    {
        return false;
    }
    setOS();
    return true;
    }
}
```

客户端 7Z 解压类设计示例如下。

```
using System;
using System.IO;
using System.Diagnostics;

namespace hashtopussy
{

    class _7zClass
    {

        public class dlProps
        {
            public string action = "download";
            public string type = "7zr";
            public string token { get; set; }
        }

        public int osID { get; set; }
        public string tokenID { get; set; }
        public string appPath { get; set; }
        public string connectURL { get; set; }
```

```
    string binPath = "";

public Boolean init7z()
{

        binPath = Path.Combine(appPath, "7zr");
        if (osID == 1)
        {
            binPath += ".exe";
        }

        if (! File.Exists(binPath))
        {
            Console.WriteLine("Downloading 7zip binary");
            jsonClass jsC = new jsonClass { debugFlag = true, connectURL = connect
URL };

            dlProps dlzip = new dlProps
            {
                token = tokenID
            };

            string jsonString = jsC.toJson(dlzip);
            string ret = jsC.jsonSend(jsonString);
            if (jsC.isJsonSuccess(ret))

            {
                string dlLocation = jsC.getRetVar(ret, "executable");
                downloadClass dlClass = new downloadClass();

                if (! dlClass.DownloadFile(dlLocation, binPath))
                {
                    Console.WriteLine("Unable to download requested file");
                }
                else
                {
                    Console.WriteLine("Finished downloading file");
```

```
                    }

                }
                if ( osID ! = 1) //If OS is not windows, we need to set the permissions
                {
                        try
                        {
                                Console.WriteLine( "Applying execution permissions to 7zr binary" );
                                Process.Start( "chmod" , "+x \" " + binPath + " \" " );
                        }
                        catch ( Exception e)
                        {
                                Console.Write( e.Data);
                                Console.WriteLine( " Unable to change access permissions of 7zr,
execution permissions required" );
                        }
                }

        if ( File.Exists( binPath))
        {
                return true;
        }

        return false;

}

//Code from hashtopus
public Boolean xtract( string archivePath, string outDir, string files = " " )
{
        ProcessStartInfo pinfo = new ProcessStartInfo();
        pinfo.FileName = binPath;
        pinfo.WorkingDirectory = appPath;
        pinfo.Arguments = " x -y -o\" " + outDir + " \" \" " + archivePath + " \" ";
```

```
        Process unpak = new Process();
        unpak.StartInfo = pinfo;

        if (files ! = "") unpak.StartInfo.Arguments += " " + files;

        Console.WriteLine(pinfo.FileName + pinfo.Arguments);
        Console.WriteLine("Extracting archive " + archivePath + "...");

        FileInfo f = new FileInfo(archivePath);

        if (f.Length == 0)
        {
            Console.WriteLine("File is 0 bytes");
            return false;
        }

        try
        {
            if (! unpak.Start()) return false;
        }
        catch
        {
            Console.WriteLine("Could not start 7zr.");
            return false;
        }
        finally
        {
            unpak.WaitForExit();
        }

        return true;

    }
  }
}
```

客户端与服务器端传递数据 json 封装类设计示例如下。

```csharp
using System;
using System.Collections.Generic;
using System.IO;
using System.Net;
using System.Collections;
using System.Web.Script.Serialization;
using System.Linq;
using System.Threading;

public class jsonClass
{

    public Boolean debugFlag { get; set; }
    public string connectURL { get; set; }
    Random rnd = new Random( Guid.NewGuid( ).GetHashCode( ) ); //init and seed the
random generator for use in re-try backdown
    JavaScriptSerializer jss = new JavaScriptSerializer( );
    //Checks if json string has success response
    //Will print the error messages on fail
    public Boolean isJsonSuccess(string jsonString)
    {
        jss.MaxJsonLength = 2147483647;

        if ( debugFlag )
            Console.WriteLine( jsonString );

        try
        {
            Dictionary<string, dynamic> dict = jss.Deserialize<Dictionary<string, dynamic>>
( jsonString );

            if ( dict.ContainsKey( "response" ) )
            {
                if ( dict[ "response" ] == "SUCCESS" )
                {
                    return true;
                }
            }
```

```
                else
                {
                    Console.WriteLine( dict[ "response" ] ) ;
                    if ( dict.ContainsKey( "message" ) )
                    {
                        Console.WriteLine( dict[ "message" ] ) ;
                    }
                }
            }
            return false ;
        }
        catch ( Exception e )
        {
            Console.WriteLine( e.Data ) ;
            Console.WriteLine( "Empty string for success check" ) ;
            return false ;
        }

}

//Returns variable from json string, values are casted to string
public string getRetVar( string jsonString, string itemVar )
{
    jss.MaxJsonLength = 2147483647 ;

    try
    {
        var dict = jss.Deserialize<Dictionary<string, dynamic>>( jsonString ) ;
        if ( dict.ContainsKey( itemVar ) )
        {
            return Convert.ToString( dict[ itemVar ] ) ;
        }
    }
    catch( Exception e )
    {
        Console.WriteLine( e ) ;
        Console.WriteLine( "Error while trying to get {0} from jaon string" , itemVar ) ;
```

```
        }

    return "NULL";
}

//Returns json string array to arraylist
//This is probably redundant as we can use the below function gerRetList to return a better
typed array
public ArrayList getRetArray(string jsonString, string itemVar)
{
    jss.MaxJsonLength = 2147483647;

    var dict = jss.Deserialize<Dictionary<string, dynamic>>(jsonString);
    if (dict.ContainsKey(itemVar))
    {
        return dict[itemVar];
    }

    return null;
}

//Return json string array to list with type string
public List<string> getRetList(string jsonString, string itemVar)
{
    jss.MaxJsonLength = 2147483647;

    var dict = jss.Deserialize<Dictionary<string, dynamic>>(jsonString);
    if (dict.ContainsKey(itemVar))
    {
        List<string> newList = new List<string>(dict[itemVar].ToArray(typeof
(string))); //Convert Array to List<T>
        return newList;
    }

    return dict[itemVar];
}
```

```csharp
//Converts array=>key to jason string format
public string toJson(object obj)
{
    jss.MaxJsonLength = 2147483647;

    var json = jss.Serialize(obj);
    if(debugFlag)
        Console.WriteLine(json);
    return json;
}


public string jsonSendOnce(string json)
{
    var request = (HttpWebRequest)WebRequest.Create(connectURL);
    request.ContentType = "application/json";
    request.Method = "POST";
    request.KeepAlive = false;

    int randomTime = 0;

    HttpWebResponse response = null;
    int tries = 0;
    {
        Thread.Sleep(tries * 1000 + randomTime * 1000);
        try
        {
            using (StreamWriter streamWriter = new StreamWriter(request.
GetRequestStream()))
            {
                streamWriter.Write(json);
            }

        }
        catch(WebException ex)
        {
            Console.WriteLine(ex.Message);
            return null ;
```

```
                }
            catch ( Exception ex )
                {
                    Console.WriteLine ( ex.Message ) ;
                    return null ;
                }

            try
                {
                    response = ( HttpWebResponse ) request.GetResponse ( ) ;
                    string result ;
                    using ( var streamReader = new StreamReader ( response.GetResponseStream
( ) ) )
                        {
                            result = streamReader.ReadToEnd ( ) ;
                        }

                    return result ;
                }
            catch ( WebException ex )
                {
                    Console.WriteLine ( ex.Message ) ;
                }

            return null ;

        }
    }

    //On fail, the client will use a backdown algorithm and retry 30 times
    public string jsonSend ( string json , int timeOutSecs = 30 )
        {

            int tries = 0 ;
            int randomTime = 0 ;
            string result = null ;
```

```
        do
        {
            Thread.Sleep(tries * 1000 + randomTime * 1000);

            try
            {

                var request = (HttpWebRequest)WebRequest.Create(connectURL);
                request.ContentType = "application/json";
                request.Method = "POST";
                request.Timeout = timeOutSecs * 1000;
                request.KeepAlive = true;

                HttpWebResponse response = null;

                using (StreamWriter streamWriter = new StreamWriter(request.GetRequest
Stream()))
                {
                    streamWriter.Write(json);
                }

                response = (HttpWebResponse)request.GetResponse();
                if (response.StatusCode ! = HttpStatusCode.OK)
                {
                    Console.WriteLine("Invalid HTTP response");
                    Console.WriteLine("terminating");
                    Environment.Exit(0);
                }

                using (var streamReader = new StreamReader(response.GetResponseStream
()))
                {
                    result = streamReader.ReadToEnd();
                }
                if (string.IsNullOrEmpty(result))
                {
                    Console.WriteLine("server is not responding to requests");
```

```
                        Console.WriteLine("terminating");
                        Environment.Exit(0);
                    }
                    break;
                }

            catch (WebException ex)
                {
                    if (ex.Status == WebExceptionStatus.Timeout)
                    {

                        Console.WriteLine("Server timed out");
                        Console.WriteLine(ex.Message);
                        tries++;
                        randomTime = rnd.Next(1, tries);
                        Console.WriteLine("Attempting to re-connect in {0} seconds", tries +
randomTime);

                    }
                }
            catch (Exception)
                {

                    Console.WriteLine("Could not connect to specified server, exiting");
                    tries++;
                    randomTime = rnd.Next(1, tries);
                    Console.WriteLine("Attempting to re-connect in {0} seconds", tries+
randomTime);

                }

        } while (tries <= 10);

        return result; //Return json string

    }

}
```

客户端从服务器下载文件类设计示例如下。

```
using System;
using System.Diagnostics;
using System.Net;
using System.Threading;
using System.IO;
using System.ComponentModel;

namespace hashtopussy
{
    class downloadClass
    {

        Stopwatch sw = new Stopwatch();
        private bool completedFlag = false;

        public bool DownloadFileCurl(string urlAddress, string location)
        {
            string AppPath = AppDomain.CurrentDomain.BaseDirectory;
            ProcessStartInfo pinfo = new ProcessStartInfo();
            pinfo.FileName = "curl";
            pinfo.UseShellExecute = false;
            pinfo.RedirectStandardOutput = true;


            pinfo.WorkingDirectory = AppPath;

            pinfo.Arguments = " " + urlAddress + " -o" + "\"" + location + "\"";

            Process unpak = new Process();
            unpak.StartInfo = pinfo;
            unpak.Start();
            unpak.WaitForExit();
            return true;

        }
```

```
                public bool DownloadFile( string urlAddress, string location)
            {

                completedFlag = false;
                WebClient webClient;
                try
                {
                        System.Net.ServicePointManager.SecurityProtocol = SecurityProtocolType.Tls
    | SecurityProtocolType.Tls11 |
    SecurityProtocolType.Tls12 | SecurityProtocolType.Ssl3;
                }
                catch
                {
                        Console.WriteLine( "Skipping TLS settings ( consider upgrading to the latest .
    NET framework for better TLS support" );
                }

                using ( webClient = new WebClient( ) )
                {
                        webClient.DownloadProgressChanged += new DownloadProgressChanged
    EventHandler( ProgressChanged );
                        webClient.DownloadFileCompleted += new AsyncCompletedEventHandler
    ( dlFinished );
                        if ( ! urlAddress.StartsWith( "http", StringComparison.OrdinalIgnoreCase ) )
                        {
                            urlAddress = "https://" + urlAddress;
                        }
                        Uri URL = null;
                        try
                        {
                            Console.WriteLine( "Downloading from " + urlAddress );
                            URL = new Uri( urlAddress );
                        }
                        catch
                        {
                            Console.WriteLine( "Invalid url for downloading" );
                            return false;
```

```
        }

        //webClient.DownloadFile( URL, location);
        //Start the stopwatch which we will be using to calculate the download speed
        sw.Start();

        try
        {

            // Start downloading the file
            webClient.DownloadFileAsync( URL, location);

        }
        catch ( Exception ex)
        {

            Console.WriteLine( ex.Message);
            return false;

        }
        while ( ! completedFlag) Thread.Sleep(500);

        if ( File.Exists(location))
            {
            FileInfo f = new FileInfo(location);
            long size = f.Length;
            Console.WriteLine();
            return true;

        }
        else
        {

            return false;

        }

    }
}

//This will fire upon filedownload completion
void dlFinished( object sender, AsyncCompletedEventArgs e)
    {
```

```
                    completedFlag = true;
        }

        // The event that will fire whenever the progress of the WebClient is changed
        private void ProgressChanged(object sender, DownloadProgressChangedEventArgs e)
        {

                double speed = e.BytesReceived / 1024d / sw.Elapsed.TotalSeconds;
                int divCount = 0;
                while (speed > 1000)
                {
                    speed = speed / 1000;
                    divCount += 1;
                }

                string speedMetric = "? /s";
                switch (divCount)
                {
                    case 0:
                        speedMetric = "KB/s";
                            break;
                    case 1:
                        speedMetric = "MB/s";
                            break;
                    case 2:
                        speedMetric = "GB/s";
                            break;
                    case 3:
                        speedMetric = "TB/s";
                            break;

                }

            Console. Write ( " \ r {0}  {1}% @  {2}  {3}", " Downloading ", e.
ProgressPercentage, speed.ToString("0.00"), speedMetric);

        }

    }
}
```

客户端破解任务类设计示例如下。

```
using System;
using System.Collections;
using System.IO;
using System.Collections.Generic;
using System.Threading;

namespace hashtopussy
{
    class taskClass
    {

        hashcatClass hcClass = new hashcatClass();

        private string attackcmd;
        private string cmdpars;
        private Boolean stipPath;
        private string actualHLpath;
        private int benchTime, hashlistID, taskID, statusTimer, benchMethod;
        private ArrayList files;
        private string hashlistAlias = "#HL#";

        private string prefixServerdl = "";
        public static char separator = ':';

        private long chunkNo, skip, length;
        private string filepath, hashpath, appPath, zapPath, tasksPath;

        public Boolean debugFlag { get; set; }
        public _7zClass sevenZip { get; set; }
        public registerClass client { get; set; }
        public Boolean legacy { get; set; }
        private int offset = 0;

        public void setOffset()
        {
```

```
        if ( ! legacy )
        {
            offset = 1;
            Console.WriteLine("使用新的状态代码");
        }
        else
        {
            Console.WriteLine("使用旧的状态代码");
        }
    }

    private List<string> primaryCracked; //Stores the cracked hashes as they come
    private object packetLock = new object(); //Lock to prevent the packetList from being
edited as it's passed between the periodicUpload thread and the stdOut reader in hashcatClass

    public void setDirs(string fpath)
    {
        appPath = fpath;
        filepath = Path.Combine(fpath, "files");
        hashpath = Path.Combine(fpath, "hashlists");
        zapPath = Path.Combine(fpath, "hashlists", "zaps");
        tasksPath = Path.Combine(fpath, "tasks");
        prefixServerdl = client.connectURL.Substring(0, client.connectURL.IndexOf("/
api/")) + "/";

    }

    private class Task
    {
        public string action { get; set; }
        public string token { get; set; }
    }

    private class FileProps
    {
        public string action { get; set; }
        public string token { get; set; }
```

```
        public int task { get; set; }
        public string file { get; set; }
    }

    private class chunkProps
    {
        public string action = "chunks";
        public string token { get; set; }
        public int taskId { get; set; }
    }

    private class hashlistProps
    {
        public string action = "hashes";
        public string token { get; set; }
        public int hashlist { get; set; }
    }

    private class keyspaceProps
    {
        public string action = "keyspace";
        public string token { get; set; }
        public int taskId { get; set; }
        public long keyspace { get; set; }
    }

    private class benchProps
    {
        public string action = "bench";
        public string token { get; set; }
        public int taskId { get; set; }
        public string type { get; set; }
        public string result { get; set; }
    }

    private class errorProps
    {
```

```
                public string action = "error";
                public string token { get; set; }
                public int task { get; set; }
                public string message { get; set; }
            }

        private class solveProps
            {
                public string action = "solve";
                public string token { get; set; }
                public long chunk { get; set; }
                public double keyspaceProgress { get; set; }
                public double progress { get; set; }
                public double total { get; set; }
                public double speed { get; set; }
                public double state { get; set; }
                public List<string> cracks { get; set; }
            }

        public Boolean getHashes( int inTask )
            {

                actualHLpath = Path. Combine ( hashpath, Path. GetFileName ( inTask. ToString
()));

                Console.WriteLine("下载此任务的哈希列表，请稍候...");

                hashlistProps hProps = new hashlistProps
                {
                    token = client.tokenID,
                    hashlist = inTask
                };
                jsonClass jsC = new jsonClass { debugFlag = debugFlag, connectURL = client.
connectURL };
                string jsonString = jsC.toJson( hProps );
                string ret = jsC.jsonSend( jsonString, 300 ); //300 second timeout
```

```
        //Check if is json string, a nasty workaround copies from the javaclient to detect
whether the return string is json vs hl. Should probably use a proper detector
            if ( ret[0] ! = '{' && ret[ret.Length - 1] ! = '}')
            {
                File.WriteAllText( actualHLpath, ret);
                Directory.CreateDirectory( Path.Combine( hashpath, "zaps" + inTask.
ToString( )));
            }
            else
            {
                if ( jsC.isJsonSuccess( ret))
                {
                    string b64data = jsC.getRetVar( ret," data");
                    byte[] binArray = System.Convert.FromBase64String( b64data);
                    File.WriteAllBytes( actualHLpath, binArray);
                    stipPath = true; //Strip path for all HL recieved binary hashlsits

                }
                else
                {
                    return false;
                }

            }

        return true;
    }

    public string speedCalc( double speed)
    {
        int count = 0;
        while ( speed > 1000)
        {
            speed = speed / 1000;
            count++;
        }
```

```
        speed = Math.Round(speed, 2);

        if (count == 0)
        {
            return speed.ToString("F") + "H/s";
        }
        else if (count == 1)
        {
            return speed.ToString("F") + "KH/s";
        }
        else if (count == 2)
        {
            return speed.ToString("F") + "MH/s";
        }
        else if (count == 3)
        {
            return speed.ToString("F") + "GH/s";
        }
        else if (count == 4)
        {
            return speed.ToString("F") + "TH/s";
        }
        return speed.ToString("F");
    }
```

//This runs as an independant thread and uploads the STATUS generated from the hcAttack

//This thread is run on a dynamic timer based on the size of the queue and will range from a base 2500ms down to 200ms

//There is very little discruption to the attack as a very quick lock/unlock is performed on the packet list to pop the job off the queue

```
        public void threadPeriodicUpdate (ref List < Packets > uploadPackets, ref object objPacketlock)
        {
            System. Globalization. CultureInfo customCulture = (System. Globalization. CultureInfo) System.Threading.Thread.CurrentThread.CurrentCulture.Clone();
            customCulture.NumberFormat.NumberDecimalSeparator = ".";
```

```
System.Threading.Thread.CurrentThread.CurrentCulture = customCulture;

jsonClass jsC = new jsonClass {debugFlag = debugFlag, connectURL = client.
connectURL };//Initis the json class
solveProps sProps = new solveProps();  //Init the properties to build our json
string
List<string> receivedZaps = new List<string> { };  //List to store incoming zaps
for writing
string ret ="";  //Return string from json post
string jsonString ="";
string zapfilePath = zapPath + hashlistID.ToString();
long zapCount = 0;
List<string> batchList = new List<string> { };
double chunkPercent = 0;
double chunkStart = 0;
Boolean run = true;
List<Packets> singlePacket = new List<Packets> { };
int sleepTime = 2500;
long ulQueue = 0;
long lastOfileSize = 0;
hcClass.debugFlag = debugFlag;

string oPath = Path.Combine(tasksPath, taskID + "_" + chunkNo + ".txt");  //
Path to write th -o file

while (run)
{
    Thread.Sleep(sleepTime);  //Delay this thread for 2.5 seconds, if this falls
behind it will batch the jobs
    lock (objPacketlock)
    {
        if (uploadPackets.Count > 0)
        {

            singlePacket.Add(uploadPackets[0]);
            ulQueue = uploadPackets.Count;
            uploadPackets.RemoveAt(0);
```

```
                    if ( uploadPackets.Count > 3 )

                        sleepTime = 200; //Decrese the time we process the queue
                    }
                else
                    {
                        sleepTime = 2500; //Decrese the time we process the queue
                    }
                }

            if ( singlePacket.Count == 0 )
                {
                    continue;
                }

            try
                {
                    {
                        //Special override as there is a possible race condition in HC,
where STATUS4 doesn't give 100%
                        if ( singlePacket[ 0 ].statusPackets[ "STATUS" ] == 4 + offset )
                            {
                                singlePacket [ 0 ]. statusPackets [ " PROGRESS1 " ] =
singlePacket[ 0 ].statusPackets[ "PROGRESS2" ];
                            }

                        sProps.token = client.tokenID;
                        sProps.chunk = chunkNo;
                        sProps.keyspaceProgress = singlePacket[ 0 ].statusPackets
[ "CURKU" ];
                        sProps.progress = singlePacket[ 0 ].statusPackets
[ "PROGRESS1" ];
                        sProps.total = singlePacket[ 0 ].statusPackets[ "PROGRESS2" ];
                        sProps.speed = singlePacket[ 0 ].statusPackets[ "SPEED_
TOTAL" ];
                        sProps.state = singlePacket[ 0 ].statusPackets[ "STATUS" ] -
offset; //Client-side workaround for old STATUS on server
```

```
                    if (singlePacket[0].crackedPackets.Count > 200)
                    {
                        int max = 200;

                        //Process the requests in batches of 1000
                        while (singlePacket[0].crackedPackets.Count ! = 0)
                        {
                            List<string> subChunk = new List<string>(singlePacket[0].crackedPackets.GetRange(0, max));
                            singlePacket[0].crackedPackets.RemoveRange(0, max);

                            if (singlePacket[0].crackedPackets.Count < max)
                            {
                                max = singlePacket[0].crackedPackets.Count;
                            }

                            if (stipPath == true)
                            {
                                for (int i = 0; i <= subChunk.Count-1; i++)
                                {
                                    subChunk[i] = subChunk[i].Replace(actualHLpath + ":", "");
                                }
                            }

                            sProps.cracks = subChunk;
                            jsonString = jsC.toJson(sProps);
                            ret = jsC.jsonSend(jsonString);

                            if (! jsC.isJsonSuccess(ret)) //If we received error, eg task was removed just break
                            {
                                break;
                            }
                        }
```

```
                              }
                        else
                              {
                                    if ( stipPath = = true)
                                    {
                                          for ( int i = 0; i< = singlePacket[ 0].crackedPackets.
Count-1; i++)
                                          {
                                                singlePacket[ 0].crackedPackets[ i] = singlePacket
[ 0].crackedPackets[ i].Replace( actualHLpath + ":", "");
                                          }
                                    }
                                    sProps.cracks = singlePacket[ 0].crackedPackets;

                                    jsonString = jsC.toJson( sProps);
                                    ret = jsC.jsonSend( jsonString);
                              }

                        if ( jsC.isJsonSuccess( ret))
                              {

                              if ( jsC.getRetVar( ret, "agent") = = "stop") //Special command
sent by server, possibly undocumented
                                    {
                                          hcClass.hcProc.CancelOutputRead( );
                                          hcClass.hcProc.CancelErrorRead( );
                                          hcClass.hcProc.Kill( );
                                          run = false;
                                          Console.WriteLine( "服务器已指示客户端终止任务");
                                    }

                              chunkStart = Math.Floor( singlePacket[ 0].statusPackets
[ "PROGRESS2" ]) / ( skip + length) * skip;
                                    chunkPercent = Math.Round( ( Convert.ToDouble( singlePacket
[ 0].statusPackets[ "PROGRESS1" ]) - chunkStart) / Convert.ToDouble( singlePacket[ 0].
statusPackets[ "PROGRESS2" ] - chunkStart) ,4) * 100;
```

receivedZaps = jsC.getRetList(ret, "zaps"); //Check whether the server sent out hashes to zap

```
                if (receivedZaps.Count > 0)
                {

                    zapCount++;
                    File.WriteAllLines(Path.Combine(zapfilePath + zapCount.
ToString()), receivedZaps); //Write hashes for zapping


                }
                Console.WriteLine("进度:{0,7} I 速度:{1,-4} I 破解:{2,-4}
I 接受:{3,-4} I 已破解:{4,-4} I 队列:{5,-2}", chunkPercent.ToString("F") + "%",
speedCalc(singlePacket[0].statusPackets["SPEED_TOTAL"]), singlePacket[0].
crackedPackets.Count, jsC.getRetVar(ret, "cracked"), receivedZaps.Count, ulQueue);
                receivedZaps.Clear();


            }


            else //We received an error from the server, terminate the run
            {

                string writeCracked = Path.Combine(hashpath, Path.GetFileName
(hashlistID.ToString())) + ".cracked";
                Console.WriteLine("Writing any cracks in queue to file" +
writeCracked);

                File.AppendAllLines(writeCracked, singlePacket[0].
crackedPackets);

                lock(objPacketlock)
                {
                    if (uploadPackets.Count > 0)
                    {
                        for (int i = 0; i < uploadPackets.Count; i++)
                        {
                            if (uploadPackets[i].crackedPackets.Count > 0)
                            {
                                File.AppendAllLines(writeCracked,
uploadPackets[i].crackedPackets);
```

```
                                 }
                             }
                         } ·
                     }


                run = false; //Potentially we can change this so keep submitting
the rest of the cracked queue instead of terminating

                    if ( ! hcClass.hcProc.HasExited)
                    {
                        hcClass.hcProc.CancelOutputRead( ) ;
                        hcClass.hcProc.CancelErrorRead( ) ;
                        hcClass.hcProc.Kill( ) ;
                        //The server would need to accept the chunk but return an
error

                    }
                    break;
                }

                {
                    if ( singlePacket[ 0 ].statusPackets[ "STATUS" ] >= 4 + offset) //
We are the last upload task
                    //if ( singlePacket[ 0 ].statusPackets[ "STATUS" ] >= 5) //
Uncomment this line, and comment above line for upcoming HC > 3.6
                    {
                        Console.WriteLine( "Finished processing chunk" ) ;
                        singlePacket.Clear( ) ;
                        run = false;
                    }
                    else
                    {
                        singlePacket.RemoveAt( 0 ) ;
                    }

                }

            }
```

```
            catch ( Exception e )
                {
                    Console.WriteLine( e.Message ) ;
                    Console.WriteLine( "Error processing packet for upload" ) ;
                }

            }

    }

    private jsonClass jsC = new jsonClass { } ;

    public int getChunk ( int inTask )
    {
        Console.WriteLine( "获取解密区块..." ) ;
        chunkProps cProps = new chunkProps
        {
            action = "chunk" ,
            token = client.tokenID ,
            taskId = inTask
        } ;

        jsC.debugFlag = debugFlag ;
        jsC.connectURL = client.connectURL ;
        primaryCracked = new List<string> { } ;
        hcClass.debugFlag = debugFlag ;

        string jsonString = jsC.toJson( cProps ) ;
        string ret = jsC.jsonSend( jsonString ) ;

        if ( jsC.isJsonSuccess( ret ) )
        {
            string status = jsC.getRetVar( ret, "status" ) ;

            //Console.WriteLine( " = = = = = = status:" + status ) ;
```

```
                        string argBuilder = attackcmd;
                        string attackcmdMod = " " + cmdpars + " ";
                        string actualHLpath = Path.Combine(hashpath, hashlistID.ToString());
                        switch (status)
                        {
                            case "OK":
                                attackcmdMod = " " + cmdpars + " "; //Reset the argument
string

                                attackcmdMod += attackcmd.Replace(hashlistAlias, "\"" +
actualHLpath + "\" "); //Add the path to Hashlist
                                attackcmdMod += " --outfile-check-dir=\"" + zapPath+
hashlistID.ToString() + "\" "; //Add the zap path to the commands

                                hcClass.setArgs(attackcmdMod);

                                chunkNo = Convert.ToInt64(jsC.getRetVar(ret, "chunk"));
                                skip = Convert.ToInt64(jsC.getRetVar(ret, "skip"));
                                length = Convert.ToInt64(jsC.getRetVar(ret, "length"));

                                List<Packets> uploadPackets = new List<Packets>();

                                hcClass.setDirs(appPath, client.osID);
                                hcClass.setPassthrough(ref uploadPackets, ref packetLock,
separator.ToString(), debugFlag);

                                Thread thread = new Thread(() => threadPeriodicUpdate(ref
uploadPackets, ref packetLock));
                                thread.Start(); //Start our thread to monitor the upload queue

                                hcClass.startAttack(chunkNo, taskID, skip, length, separator.
ToString(), statusTimer, tasksPath); //Start the hashcat binary
                                thread.Join();

                                return 1;

                            case "keyspace_required":
                                hcClass.setDirs(appPath, client.osID);
```

```
                    attackcmdMod = " " + cmdpars + " "; //Reset the argument
string
                    attackcmdMod += attackcmd.Replace(hashlistAlias, ""); //
Remove out the #HL#
                    hcClass.setArgs(attackcmdMod);
                    long calcKeyspace = 0;

                    hcClass.runKeyspace(ref calcKeyspace);

                    // Console.WriteLine(" = = = = = =calcKeyspace:" +
calcKeyspace);

                    if (calcKeyspace == 0)
                    {
                        errorProps eProps = new errorProps
                        {
                            token = client.tokenID,
                            task = taskID,
                            message = "Invalid keyspace, keyspace probably too
small for this hashtype"
                        };
                        jsonString = jsC.toJson(eProps);
                        ret = jsC.jsonSend(jsonString);
                        return 0;
                    }
                    else
                    {
                        keyspaceProps kProps = new keyspaceProps
                        {
                            token = client.tokenID,
                            taskId = taskID,
                            keyspace = calcKeyspace
                        };
                        jsonString = jsC.toJson(kProps);
                        //Console.WriteLine(" = = = = = = = = = = = =jsonString:" +
jsonString);

                        ret = jsC.jsonSend(jsonString);
```

```
                    //Console.WriteLine(" = = = = = = = = = = = = = ret:" + ret);

                }

            return 2;

        case "fully_dispatched":
            return 0;

        case "benchmark":
                hcClass.setDirs(appPath, client.osID);
                attackcmdMod = ""+cmdpars+""; //Reset the argument string
                attackcmdMod += attackcmd.Replace(hashlistAlias, "\"" +
actualHLpath + "\""); //Add the path to Hashlist
                hcClass.setArgs(attackcmdMod);

                Dictionary<string, double> collection = new Dictionary<string,
double>(); //Holds all the returned benchmark values1

                hcClass.runBenchmark(benchMethod, benchTime, ref collection,
legacy);

                benchProps bProps = new benchProps
                {
                    token = client.tokenID,
                    taskId = taskID,
                };

                if (benchMethod == 1)//Old benchmark method using actual run
                {
                    bProps.type = "run";
                    if (collection.ContainsKey("PROGRESS_REJ"))
                    {
                        bProps.result = collection["PROGRESS_REJ"].
ToString("0." + new string('#', 100));
                    }
                    else
```

```
                                {
                                        bProps.result = collection["PROGRESS_DIV"].
ToString("0." + new string('#', 100));

                                }
                        }
                        else //New benchmark method using --speed param
                        {
                                bProps.type = "speed";
                                bProps.result = collection["LEFT_TOTAL"].ToString() +
":" + collection["RIGHT_TOTAL"].ToString();
                        }

                        jsonString = jsC.toJson(bProps);
                        ret = jsC.jsonSend(jsonString);
                        if (! jsC.isJsonSuccess(ret))
                        {
                                Console.WriteLine("Server rejected benchmark");
                                Console.WriteLine("Check the hashlist was downloaded
correctly");

                                return 0;
                        }
                        return 3;

                case "hashcat_update":
                        Console.WriteLine("A new version of hashcat was found,
updating...");

                        hashcatUpdateClass hcUpdater = new hashcatUpdateClass
{debugFlag = debugFlag, client = client, AppPath = appPath, sevenZip = sevenZip};
                        if (hcUpdater.updateHashcat())
                        {
                                hashcatClass hcClass=new hashcatClass{debugFlag=debug Flag};
                                hcClass.setDirs(appPath, client.osID);
                                string[] versionInts = {};
                                string hcVersion = hcClass.getVersion2(ref versionInts);
                                Console.WriteLine("Hashcat version {0} found", hcVersion);
```

```
                               if ( hcVersion.Length ! = 0)
                               {
                                     if ( Convert.ToInt32( versionInts[ 0 ]) = = 3 && Convert.
ToInt32( versionInts[ 1 ]) = = 6)
                                     {
                                           if ( hcVersion.Contains( " - " ))
                                           {
                                                 legacy = false;
                                                 //This is most likely a beta/custom build with
commits ahead of 3.6.0 release branch
                                           }
                                     }
                                     else if ( Convert.ToInt32( versionInts[ 0 ]) = = 3)
                                     {
                                           if ( Convert.ToInt32( versionInts[ 1 ].Substring( 0,
1)) >= 6)
                                           {
                                                 legacy = false;
                                                 //This is a release build above 3.6.0
                                           }
                                     }
                                     else if ( Convert.ToInt32( versionInts[ 0 ]) >= 4)
                                     {
                                           legacy = false;
                                           //This is a release build above 4.0.0
                                     }
                               }
                               else
                               {
                                     //For some reason we couldn't read the version, lets just
assume we are on non legacy
                                     legacy = false;
                               }
                               setOffset( );
                         }
                   else
                   {
```

```
                    Console.WriteLine("Update failed");
                }
                return 4;
            }


        }
        return 0;
    }

    private Boolean getFile(string fileName)
    {
        FileProps get = new FileProps
        {
            action = "file",
            token = client.tokenID,
            task = taskID,
            file = fileName
        };

        jsonClass jsC = new jsonClass {    debugFlag = debugFlag, connectURL = client.
connectURL };
        string jsonString = jsC.toJson(get);
        string ret = jsC.jsonSend(jsonString);

        if (jsC.isJsonSuccess(ret))
        {
            string fileDl = jsC.getRetVar(ret, "url");
            {
                downloadClass dlHdl = new downloadClass();
                string dlFrom = Path.Combine(prefixServerdl, jsC.getRetVar(ret, "
url"));

                string dlTo = Path.Combine(filepath, fileName);
                dlHdl.DownloadFile(dlFrom, dlTo);
                Console.WriteLine("文件下载已完成");
                //Check if file exists. check if return success
                return true;
            }
        }
```

```
            }
            return false;
        }

        private Int64 fileSize(string filePath)
        {
            Int64 fSize = new FileInfo(Path.Combine(hashpath, Path.GetFileName
(hashlistID.ToString()))).Length;
            return fSize;
        }


        public Boolean getTask()
        {

            Console.WriteLine("获取任务");
            Task get = new Task
            {
                action = "task",
                token = client.tokenID
            };

            jsonClass jsC = new jsonClass { debugFlag = debugFlag, connectURL = client.
connectURL };
            string jsonString = jsC.toJson(get);
            string    ret = jsC.jsonSend(jsonString);
            //Console.WriteLine("=======Getting task:" + jsonString);
            //Console.WriteLine("=======Getting task:" + ret);


            if (jsC.isJsonSuccess(ret))
            {
                if (jsC.getRetVar(ret, "task") != "NONE")
                {
                    taskID = Int32.Parse(jsC.getRetVar(ret, "task"));
                    attackcmd = (jsC.getRetVar(ret, "attackcmd"));
```

```
cmdpars = (jsC.getRetVar(ret, "cmdpars"));
hashlistID = Int32.Parse(jsC.getRetVar(ret, "hashlist"));
benchTime = Int32.Parse(jsC.getRetVar(ret, "bench"));

Console.WriteLine("服务器已为客户端分配了任务:{0} 和破解列
表:{1}", taskID, hashlistID);
if (jsC.getRetVar(ret, "benchType") == "run")
{
    benchMethod = 1;
}
else
{
    benchMethod = 2;
}
statusTimer = Int32.Parse(jsC.getRetVar(ret, "statustimer"));
hashlistAlias = jsC.getRetVar(ret, "hashlistAlias");
files = jsC.getRetArray(ret, "files");
int gotChunk = 1;

foreach (string fileItem in files)
{
    string actualFile = Path.Combine(filepath, fileItem);
    if (! File.Exists(actualFile))
    {
        getFile(fileItem);

        if (fileItem.ToLower().EndsWith(".7z"))
        {
            if (sevenZip.xtract(actualFile, filepath))
            {
                File.WriteAllText(actualFile, "UNPACKED");
            }
            else
            {
                return false;
            }
        }
    }
```

```
            }

         }

                //Convert implied relative paths to absolute paths only applies to Mac
OSX / Linux
                //We, break up the attack command by space and check whether the
file for the full path exists, we it does we replace
                //Could potentially cause issues if the file names are attack numbers eg
1 2 3 4 5 6 7
                //File names cannot contain spaces
                //Altnerative method is to perform find replace on the attackcmd based
on the files array
                if ( client.osID ! = 1)
                {
                    string[ ] explode = new string[ ] { };
                    explode = attackcmd.Split(" ");

                    for ( int i = 0; i<files.Count; i++)
                    {
                        string absolutePath = Path.Combine(filepath, files[i].
ToString( ) );
                        string match = " " + files[i].ToString( ); //Prefix a space
for better matching
                        string replace = " \"" + absolutePath + "\"";
                        if ( File.Exists( absolutePath) )
                        {
                            attackcmd = attackcmd.Replace( match, replace);
                        }
                    }

                }

                if ( getHashes( hashlistID) = = false)
                {
                    return false;
                }
```

```
                        if ( fileSize ( Path. Combine ( hashpath , Path. GetFileName ( hashlistID.
ToString( ) ) ) ) = = 0)
                    {
                        Console.WriteLine("破解列表为空");
                        return false;
                    }
                    gotChunk = getChunk(taskID);

                    while (gotChunk ! = 0)
                    {
                        gotChunk = getChunk(taskID);
                    }

                    return true;
                }
                else
                {
                    Console.WriteLine("客户端空闲...");
                }


            }


            return false;
        }
    }
}
```

8. 解密运算类型及运算速度

以单块 GTX1080 GPU 运算卡为例，运算类型及运算速度如表 8-1 所示。

表 8-1

运 算 类 型	运算速度(密码/秒)
MD4	46,520,996,845
MD5	25,013,553,990
Half MD5	15,699,448,837
SHA1	8,697,645,065
SHA256	3,203,496,463
SHA384	1,067,334,402
SHA512	1,102,183,447
SHA-3(Keccak)	834,687,363
SipHash	29,572,169,698
RipeMD160	4,944,218,312
Whirlpool	261,124,211
GOST R 34.11-94	248,148,428
GOST R 34.11-2012 (Streebog) 256-bit	51,845,766
GOST R 34.11-2012 (Streebog) 512-bit	51,712,784
DES (PT = $ salt, key = $ pass)	19,171,770,083
3DES (PT = $ salt, key = $ pass)	593,673,602
phpass, MD5(Wordpress), MD5(phpBB3), MD5(Joomla)	7,056,119
scrypt	618,805
PBKDF2-HMAC-MD5	7,387,875
PBKDF2-HMAC-SHA1	3,361,797
PBKDF2-HMAC-SHA256	1,224,077
PBKDF2-HMAC-SHA512	449,491
Skype	13,187,820,857

运 算 类 型	运算速度（密码/秒）
WPA/WPA2	413,270
IKE-PSK MD5	1,804,424,769
IKE-PSK SHA1	798,469,453
NetNTLMv1-VANILLA / NetNTLMv1+ESS	22,375,588,156
NetNTLMv2	1,667,947,428
IPMI2 RAKP HMAC-SHA1	1,697,823,834
Kerberos 5 AS-REQ Pre-Auth etype 23	297,013,369
Kerberos 5 TGS-REP etype 23	296,555,566
DNSSEC（NSEC3）	3,441,166,296
PostgreSQL Challenge-Response Authentication（MD5）	6,777,167,094
MySQL Challenge-Response Authentication（SHA1）	2,353,558,854
SIP digest authentication（MD5）	2,046,344,868
SMF > v1.1	6,955,295,483
vBulletin < v3.8.5	7,079,591,526
vBulletin > v3.8.5	4,905,403,564
IPB2+，MyBB1.2+	5,099,612,754
WBB3，Woltlab Burning Board 3	1,304,746,706
OpenCart	2,102,098,113
Joomla < 2.5.18	25,007,029,363
PHPS	7,052,658,217
Drupal7	58,137
osCommerce，xt:Commerce	13,202,609,482
PrestaShop	8,335,365,850
Django（SHA-1）	6,941,123,465
Django（PBKDF2-SHA256）	61,764
Mediawiki B type	6,668,209,856
Redmine Project Management Web App	2,825,018,594
PostgreSQL	24,991,198,003
MSSQL(2000)	8,542,805,641
MSSQL(2005)	8,545,960,497
MSSQL(2012)	1,049,284,266

运 算 类 型	运算速度(密码/秒)
MySQL323	53,106,110,352
MySQL4.1/MySQL5	3,826,526,930
Oracle H: Type（Oracle 7+）	968,571,956
Oracle S: Type（Oracle 11+）	8,297,645,065
Oracle T: Type（Oracle 12+）	109,931
Sybase ASE	289,290,276
EPiServer 6.x < v4	6,947,806,605
EPiServer 6.x > v4	2,835,082,957
md5apr1，MD5（APR），Apache MD5	10,440,573
ColdFusion 10+	1,807,097,904
hMailServer	2,836,334,012
SHA-1（Base64），nsldap，Netscape LDAP SHA	8,293,748,254
SSHA-1（Base64），nsldaps，Netscape LDAP SSHA	8,282,386,394
SSHA-512（Base64），LDAP {SSHA512}	1,097,095,027
LM	17,777,417,979
NTLM	41,818,890,169
Domain Cached Credentials（DCC），MS Cache	11,749,984,942
Domain Cached Credentials 2（DCC2），MS Cache 2	336,226
MS-AzureSync PBKDF2-HMAC-SHA256	10,134,752
descrypt，DES（Unix），Traditional DES	927,943,362
BSDiCrypt，Extended DES	1,574,960
md5crypt，MD5（Unix），FreeBSD MD5，Cisco-IOS MD5	10,425,210
bcrypt，Blowfish（OpenBSD）	15,785
sha256crypt，SHA256（Unix）	387,705
sha512crypt，SHA512（Unix）	152,139
OSX v10.4，v10.5，v10.6	6,933,378,516
OSX v10.7	966,496,301
OSX v10.8+	12,851
AIX {smd5}	10,416,262
AIX {ssha1}	44,983,955
AIX {ssha256}	17,312,204

运 算 类 型	运算速度(密码/秒)
AIX {ssha512}	6,702,264
Cisco-PIX MD5	16,581,348,817
Cisco-ASA MD5	18,238,830,259
Cisco-IOS SHA256	3,213,413,836
Cisco $ 8 $	61,686
Cisco $ 9 $	17,696
Juniper Netscreen/SSG (ScreenOS)	12,977,425,742
Juniper IVE	10,419,409
Android PIN	5,563,138
Citrix NetScaler	7,526,959,330
RACF	2,653,824,957
GRUB 2	44,954
Radmin2	8,574,568,964
SAP CODVN B (BCODE)	1,699,165,063
SAP CODVN F/G (PASSCODE)	1,002,450,735
SAP CODVN H (PWDSALTEDHASH) iSSHA-1	6,217,050
Lotus Notes/Domino 5	220,265,938
Lotus Notes/Domino 6	73,770,648
Lotus Notes/Domino 8	676,350
PeopleSoft	8,542,044,473
PeopleSoft PS_TOKEN	3,214,031,848
7-Zip	9,648
WinZip	1,090,864
RAR3-hp	28,883
RAR5	37,589
AxCrypt	119,926
AxCrypt in memory SHA1	7,917,982,891
TrueCrypt PBKDF2-HMAC-RipeMD160 + XTS 512 bit	281,076
TrueCrypt PBKDF2-HMAC-SHA512 + XTS 512 bit	420,571
TrueCrypt PBKDF2-HMAC-Whirlpool + XTS 512 bit	37,918
TrueCrypt PBKDF2-HMAC-RipeMD160 + XTS 512 bit + boot-mode	532,866

续表

运 算 类 型	运算速度(密码/秒)
VeraCrypt PBKDF2-HMAC-RipeMD160 + XTS 512 bit	904
VeraCrypt PBKDF2-HMAC-SHA512 + XTS 512 bit	902
VeraCrypt PBKDF2-HMAC-Whirlpool + XTS 512 bit	75
VeraCrypt PBKDF2-HMAC-RipeMD160 + XTS 512 bit + boot-mode	1,806
VeraCrypt PBKDF2-HMAC-SHA256 + XTS 512 bit	1,182
VeraCrypt PBKDF2-HMAC-SHA256 + XTS 512 bit + boot-mode	2,955
Android FDE <= 4.3	833,435
Android FDE (Samsung DEK)	299,617
eCryptfs	13,791
MS Office <= 2003 MD5 + RC4, oldoffice $ 0, oldoffice $ 1	234,641,126
MS Office <= 2003 MD5 + RC4, collision-mode #1	333,532,452
MS Office <= 2003 SHA1 + RC4, oldoffice $ 3, oldoffice $ 4	304,880,644
MS Office <= 2003 SHA1 + RC4, collision-mode #1	341,828,495
Office 2007	134,068
Office 2010	66,985
Office 2013	9,051
PDF 1.1 - 1.3 (Acrobat 2 - 4)	347,751,799
PDF 1.1 - 1.3 (Acrobat 2 - 4) + collider-mode #1	385,021,067
PDF 1.4 - 1.6 (Acrobat 5 - 8)	16,908,152
PDF 1.7 Level 3 (Acrobat 9)	3,200,367,689
PDF 1.7 Level 8 (Acrobat 10 - 11)	31,554
Password Safe v2	314,936
Password Safe v3	1,255,455
Lastpass	2,410,368
1Password, agilekeychain	3,368,952
1Password, cloudkeychain	11,224
Bitcoin/Litecoin wallet.dat	4,525
Blockchain, My Wallet	49,505,967
Keepass 1 (AES/Twofish) and Keepass 2 (AES)	141,928
ArubaOS	7,035,430,823

9. 小　　结

9.1　破解模式支持

支持的破解模式如下：
(1)字典(支持动态规则)；
(2)组合；
(3)暴力穷举；
(4)字典+掩码；
(5)掩码+字典。

9.2　系统特点

1. 具备加密文件文件头提取工具

支持 office 系列、pdf、rar、zip、truecrypt、veracrypt 等常见加密文件的 hash 提取。

2. 支持多类型 GPU 运算卡并行混合运算

可支持 A 卡和 N 卡混合运算。

3. 同时支持 OpenCL 及 CUDA 架构

可支持 A 卡、N 卡、IntelMIC 运算卡等。

4. 解密类型支持丰富

支持百余种常见的 Hash 类型及多种文档文件的密码破解，共支持 200 余种解密类型。